厚生労働省認定教材	
認定番号	第59019号
認定年月日	平成10年9月28日
改定承認年月日	平成21年2月20日
訓練の種類	普通職業訓練
訓練課程名	普通課程

改訂

栽培法及び作業法

独立行政法人　高齢・障害・求職者雇用支援機構
職業能力開発総合大学校　基盤整備センター　編

は　し　が　き

　本書は職業能力開発促進法に定める普通職業訓練に関する基準に準拠し，園芸サービス系の関連科目のための教科書として作成したものです。

　作成に当たっては，内容の記述をできるだけ平易にし，専門知識を系統的に学習できるように構成してあります。

　このため，本書は職業能力開発施設で使用するのに適切であるばかりでなく，さらに広く知識・技能の習得を志す人々にも十分活用できるものです。

　なお，本書は次の方々のご協力により作成したもので，その労に対して深く謝意を表します。

＜監修委員＞

　船　越　亮　二　　中央工学校

　宮　内　泰　之　　恵泉女学園大学

＜改定執筆委員＞

　石　井　芳　夫　　埼玉県花と緑の振興センター

　萩　原　信　弘　　元東京農業大学

（委員名は五十音順，所属は執筆当時のものです。）

平成22年3月

独立行政法人　高齢・障害・求職者雇用支援機構
職業能力開発総合大学校　基盤整備センター

目　次

第1章　栽培法概論 …… 1

第1節　栽培技術 …… 2
1.1　緑化樹木とは(4)　1.2　緑化樹木の流通体系(7)
1.3　畑栽培(9)　1.4　コンテナ栽培(11)

第2節　栽培環境 …… 13
2.1　気象条件(13)　2.2　土壌条件(14)　2.3　人為的条件，整備(15)

第3節　栽培設備 …… 16
3.1　ほ場整備(16)　3.2　給水設備(17)　3.3　遮光設備(18)
3.4　防寒設備(18)

第4節　植物の分類と種類 …… 18
4.1　緑化樹木の樹高，形態，樹形による分類(19)　4.2　針葉樹(21)　4.3　常緑広葉樹(25)
4.4　落葉広葉樹(30)　4.5　花木類(34)　4.6　実もの(38)
4.7　地被類(41)　4.8　特殊樹種(43)　4.9　カラーリーフ植物(44)

第5節　栽培管理 …… 44
5.1　整　枝(44)　5.2　施　肥(45)　5.3　病害虫防除(45)
5.4　間引き，断根(46)　5.5　ほ場管理(46)

学習のまとめ …… 47

第2章　栽培作業法 …… 49

第1節　繁　殖 …… 49
1.1　実生法(49)　1.2　挿し木法(51)　1.3　接ぎ木法(53)
1.4　取り木法(55)

第2節　育　苗 …… 73
2.1　畑育苗(73)　2.2　コンテナ（鉢）栽培(74)

第3節　施　肥 …… 75
3.1　施肥の目的(75)　3.2　肥料の種類(76)　3.3　肥料はいつ必要か(77)
3.4　施肥の量(78)　3.5　施肥の方法(79)

第4節　灌　水 …… 79

4.1　用土と水(79)　4.2　容器（コンテナ）と灌水(80)

第5節　除　草 …… 81

5.1　事前の処理(81)　5.2　除草剤の取扱いについて(82)

第6節　整枝・剪定 …… 82

6.1　一般原則(82)　6.2　目的と効果(83)　6.3　種　類(83)

6.4　技　法(84)

学習のまとめ …… 85

第3章　樹木の仕立てと移植 …… 87

第1節　樹木の仕立て・維持管理 …… 87

1.1　樹木の仕立て樹形(87)　1.2　樹木の整姿・剪定(92)

第2節　樹木の移植 …… 111

2.1　根回し(112)　2.2　掘り取り(118)　2.3　根巻き(119)

2.4　運　搬(119)　2.5　植えつけ(128)　2.6　養　生(132)

学習のまとめ …… 140

第4章　芝生と花壇の造成 …… 143

第1節　芝生の造成と維持管理 …… 143

1.1　芝草の種類と特性(143)　1.2　芝生の造成(146)　1.3　造成後の芝生の維持管理(151)

第2節　花壇づくり …… 158

2.1　花壇の種類(158)　2.2　花壇に適する草花(159)　2.3　花床の地ごしらえ(160)

2.4　花床への苗の植えつけ(160)　2.5　植えつけ後の管理(163)

学習のまとめ …… 165

練習問題の解答 …… 167

参考資料 …… 169

索　引 …… 171

第1章

栽 培 法 概 論

　公園や住宅の庭，ベランダ・室内における緑，これらを包括して一般には植木又は緑化植物と呼んでいる。国際的にはこうした呼び方はなく，観賞植物（Ornamental plants）又は観賞樹（Ornamental trees and shrubs）としている。我が国においても試験研究機関では，昭和40年ごろから国際的に通用する観賞樹という名称で学術用語に採用されており，農林水産省では公用語として使われている。

　この章では，主要緑化樹の特性や栽培方法，栽培環境などについて述べる。

　緑化樹は，庭で庭木として楽しみ育てる樹木と，商品として育てる緑化樹がある。昭和40年中ごろの緑化ブームのときは，"土地があるから木を植えておこう""木は植えておけばほとんど手をかけなくても育ち，かなりの収益があるだろう"と多くの人が緑化樹を植えた。しかし，ほとんど手入れをしなかったことから，山野に生育している「野木」の状態になってしまい，商品として売れるものにならなかった。大きく育った木は伐採して焼却するという結果になってしまい苗木代にもならなかった。

　これも稲作やダイコン，ハクサイなどを育てる気持を持って扱えば，立派な緑化樹が育てられていたといえる。

　緑化樹も作物と考えて育てていくことが大切である。

　近年，緑化植物として導入した移入種が，地域の在来種の生態系をかき乱していると指摘され，この対策が注目されている。

　このようなことから，生物の多様性を保全するため，平成16年（2004）に「特定外来生物による生態系等に係る被害の防止に関する法律（外来生物法）」が制定された。

　この法律には，国や自治体などが緑化する場合には，外来生物の使用を避けることに努め，地域の個体群の植物の遺伝的かく乱に十分配慮することと記されている。今後，緑化に当たって，この問題には十分な配慮が必要である。

第1節　栽培技術

　緑化樹を「緑化樹木」とも一口に呼んでいるが，地域性，担当者の好みなどによって非常に多くの樹種が求められ，使われる大きさも様々である（図1-1～図1-5）。このようなことから国土交通省（当時建設省）は，関係機関や関係団体と調整を図り，公共用緑化樹木について全国的な見地から，常緑性及び落葉性樹木，高木，低木，特殊樹を含め156種を取り上げ，寸法規格，品質規格について大きな見直しを行い，平成8年（1996）2月に「公共用緑化樹木品質寸法規格基準（案）の解説」を通達している。

図1-1　ロータリーのクロマツの模様仕立て

図1-2　住宅のコニファー類

図1-3　街を包む常緑高木

図1-4　気持ちを和らげる自然形仕立て樹木

図1-5　イチョウ並木

さらに平成15年（2003）に，第4次改定として，「公共用緑化樹等品質寸法規格基準（案）」を通達している。公共緑化樹木を扱うに当たっては，使用する立場，生産する立場，流通関係ともこの規格基準に基づいている。生産に携わる場合もこの規格基準を頭におき，どこまで育て，どこで販売していくかを考えることが大切である。

また，一部の樹種については我が国独特の仕立てというべき「模様木仕立て」をするものもある。この模様木仕立ては，一定の大きさに育ててからさらに幹や枝に模様をつけていくため，より長い年数と，育苗・育成の技術とは異なる「仕立て」の技術が必要になってくる（図1－6，図1－7）。

図1－6　クロマツの仕立物

図1－7　モチノキなどの仕立物

近年，都市化の増大により建物も高層化され，屋上，ベランダ，室内などの人工地盤緑化の需要が少しずつ広がっている（図1－8～図1－10）。

現在，軽量で薄層化された土壌の緑化に対応できる緑化技術の開発が進み，車道緑地帯や駐車場などの舗装面でも植栽*が可能となり，これまで幅員が狭く緑化が困難であった歩道でも通行に支障のない範囲での緑化が可能となった（図1－11～図1－13）。

このような緑化技術の進展により緑化用樹木の新たな需要と生産が期待されている。

図1－8　屋上緑化（ケヤキの森：220本）

図1－9　人工地盤上の並木（エンジュ）

---

*　植　栽：目的を持って木を植えること。

図1-10　室内緑化（軽量・薄型植栽マット）

図1-11　幅が狭い歩道のガードフェンス緑化（ハナズオウ）

図1-12　車道緑地帯の舗装面穴あけ植栽（ニシキギ）

図1-13　つる性でない樹木による壁面緑化（トキワマンサク）

1.1　緑化樹木とは

　都市化の開発に伴う都市空間の整備の必要性が叫ばれはじめてまもなく，社会的にも好景気の風が吹きはじめた昭和40年代以降，いわゆる昭和元禄と呼ばれた好景気により，都市公園の整備やリゾート開発によるゴルフ場の造成，テーマパークの建設などが盛んに行われた。その開発によって破壊された自然の復元や修景のための植栽を義務付けるなど，樹木の需要が多くなったところから緑化樹木と呼ばれるようになった。それ以前は「造園樹木」と呼ばれていたが，現在では庭園を含め「緑化樹木」と一括して扱っている。この内容は次のとおりである。

(1)　緑化材としての範囲

　この緑化樹木には4～5人で抱えるほど太くなるクスノキやイチョウなどから，樹高が30cmにも満たない低木*まで幅広く含まれており，その数は数千種といえる。またセイヨウキヅタ（イングリッシュアイビー），リュウノヒゲ，フッキソウ，ササ類からパンジー，サルビア，マリーゴールド，チューリップ，スイセンなど草本性の地被植物や花壇材料までも緑化材として扱っている。

---

*　低　木：特に規格はないが，比較的樹高の低い木を指し，1～2m以下のものが多く，中には4～5mのものもある。

しかし，これらの膨大な植物は，"これは庭木用に""これは公園や街路樹用に"と最初から区別してつくり出されたものではなかった。古くから山野に生育していたもので，葉や樹形の美しいものや変化に富んだものなどが庭に適した樹形に使われたり，公園に植えられたり，街路樹に使われてきた。実生*や枝変りなどによって生まれた花や葉の美しいものなども庭園樹・緑化樹木として使われてきた。

(2) 歴史的背景

歴史的に見ると現在のように需要が多くなかった江戸時代，明治・大正時代には計画的に大量生産の必要はなかった。

鎌倉・室町時代までは庭園や園芸を楽しむのは大名や武士であり，一般庶民はそれらを楽しむ余裕はほとんどなく，園芸に対する関心は，一部の人々に限られていた。やがて江戸時代になると一般庶民も園芸に対して関心を持つようになり，多くの園芸植物が生まれてきた。技術面，資材面などは現代から見れば至って幼稚なものであったが，オモト・サクラ類・サザンカ・ナンテン・マツ類・マンリョウ・ヤブコウジ・ヤブツバキ及びその他多くの園芸品種がこの時期に生み出された。

(3) 量産体制の始まり

明治・大正時代以降，我が国には植木の3大生産地と呼ばれている生産地があり，果樹苗木をはじめ需要に対応する庭木の生産も行われてきた。戦後，経済の発展に伴って植木の需要が起こり，特に大径木などは屋敷林や山林から掘り出され，仕立て木にされた。

昭和30年代後半から40年代半ばごろは，需要に対し「山採り」と呼ぶ山野に自生するものを掘り出して間に合わせていた。クスノキ・シャクナゲ・シラカバ・マテバシイ・ヤマモモ・レンゲツツジなどが代表的なものである。

緑化樹木が量産体制に入ってきたのは昭和40年代に入ってからとみてよい。

(4) 緑化樹木の規格基準化

その後，需要の伸びとともに山採りが自然破壊につながることと，効率の点から計画的生産が行われるようになり，農家や企業化された組織のなかで，工業製品と同じように規格基準に合わせて生産されるようになった。

主要な規格基準とは以下のとおりである（表1－1～表1－3，図1－14）。

---

* 実　生：種子をまいて増殖する一手段

表1-1　基準（案）における用語の定義

用　語	定　　義
公共用緑化樹木等	主として公園緑地，道路，公共施設等の公共緑化に用いられる樹木材料をいう。
樹　形	樹木の特性，樹齢，手入れの状態によって生ずる幹と樹冠によって構成される固有の形をいう。なお，樹種特有の形を基本として育成された樹形を「自然樹形」という。
樹　高（略称：H）	樹木の樹冠の頂端から根鉢の上端までの垂直高をいい，一部の突出した枝は含まない。なお，ヤシ類など特殊樹にあって「幹高」と特記する場合は幹部の垂直高をいう。
幹　周（略称：C）	樹木の幹の周長をいい，根鉢の上端より1.2m上りの位置を測定する。この部分に枝が分岐しているときは，その上部を測定する。幹が，2本以上の樹木の場合においては，おのおのの周長の総和の70%をもって幹周とする。なお，「根元周」と特記する場合は，幹の根元の周長をいう。
枝張（葉張）（略称：W）	樹木の四方面に伸長した枝（葉）の幅をいう。測定方向により幅に長短がある場合は，最長と最短の平均値とする。なお，一部の突出した枝は含まない。葉張とは低木の場合についていう。
株立（物）	樹木の根元近くから分岐して，低木のそう（叢）状を呈したものをいう。なお，株物とは低木でそう状を呈したものをいう。
株立数（略称：B.N）	株立（物）の根元近くから分岐している幹（枝）の数をいう。樹高と株立数の関係については以下のように定める。 　2　本　立……1本は所要の樹高に達しており，他は所要の樹高の70%以上に達していること。 　3本立以上……指定株立数について，過半数は所要の樹高に達しており，他は所要の樹高の70%に達していること。
単　幹	幹が根元近くから分岐せず1本であるもの。
根　鉢	樹木の移植に際し，掘り上げられる根系を含んだ土のまとまりをいう。
ふるい掘り	樹木の移植に際し，土のまとまりをつけずに掘り上げること。ふるい根，素掘りともいう。
根　巻	樹木の移動に際し，土をつけたままで鉢を掘り，土を落とさないよう，鉢の表面を縄その他の材料で十分締め付けて掘り上げること。
コンテナ	樹木等を植え付ける栽培容器をいう。
仕立物	樹木の自然な生育にまかせるのではなく，その樹木が本来持っている自然樹形とは異なり，人工的に樹形を作って育成したもの。
寄せ株育成物	数本の樹木等を根際で寄せて，この部分を一体化させて株立状に育成したもの。
接ぎ木物	樹木等の全体あるいは部分を他の木に接着して育成したもの。

「公共用緑化樹木等品質寸法規格基準（案）」国土交通省：平成20年12月18日

表1-2　樹木の品質規格表（案）〔樹姿〕

項　目	規　　格
樹形（全形）	樹種の特性に応じた自然樹形で，樹形が整っていること。
幹（高木にのみ適用）	幹が，ほぼまっすぐで短幹であること。（ただし，自然樹形で幹が斜上するものおよび株立物はこの限りでない。）
枝葉の配分	配分が，四方に均等であること。
枝葉の密度	節間が詰まり，枝葉密度が良好であること。
下枝の位置	樹冠を形成する一番下の枝の高さが適正な位置にあること。

「公共用緑化樹木等品質寸法規格基準（案）」国土交通省：平成20年12月18日

表1-3 樹木の品質規格表(案)〔樹勢〕

項　目	規　格
生　育	充実し，生気ある状態で育っていること。
根	根系の発達が良く，四方に均等に配分され，根鉢範囲に細根が多く，乾燥していないこと。
根　鉢	樹種の特性に応じた適正な根鉢，根株をもち，鉢くずれのないよう根巻きやコンテナ等により固定され，乾燥していないこと。ふるい掘りでは，特に根部の養生を十分にするなど（乾き過ぎていないこと）根の健全さが保たれ，損傷がないこと。
葉	正常な葉形，葉色，密度（着葉）を保ち，しおれ（変色，変形）や軟弱葉がなく，生き生きしていること。
樹皮（肌）	損傷がないか，その痕跡がほとんど目立たず，正常な状態を保っていること。
枝	徒長枝がなく，枯損枝，枝折れなどの処理，及び必要に応じ適切な剪定が行われていること。
病虫害	発生がないもの。過去に発生したことのあるものにあっては，発生が軽微で，その痕跡がほとんど認められないよう育成されたものであること。

「公共用緑化樹木等品質寸法規格基準（案）」国土交通省：平成20年12月18日

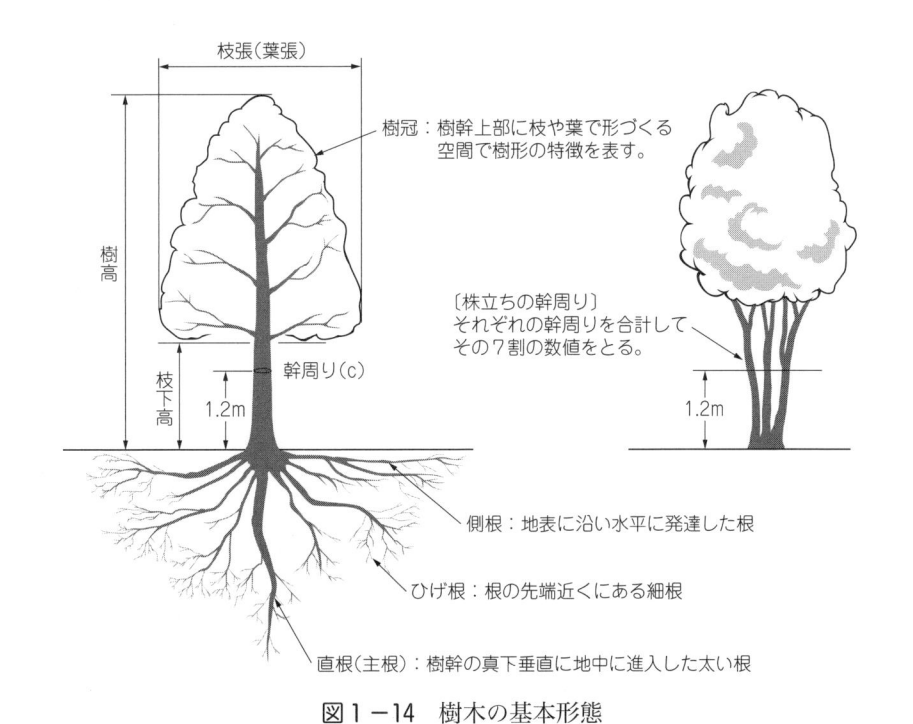

図1-14 樹木の基本形態

1.2　緑化樹木の流通体系

(1)　緑化樹木の流通経路

　緑化樹木は，いろいろな販売経路によって流通している。最も一般的な流通経路を図1-15に示す。

　生産者には，実生や挿し木による苗づくりから完成まで一貫して行う生産者もいれば，樹種によっては育苗→育成→完成品と各過程を分業で行う生産者もいる。このように生産された樹木の多くが生産者から卸売業者を経て，市場や大量に材料を利用する

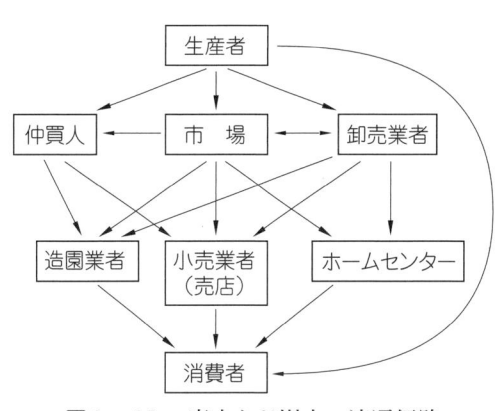

図1-15 庭木など樹木の流通経路

造園業者に流れるルートが一般的である。最近ではホームセンターなどの出現により多少の変化も見られる。図1-16～図1-19に植木市場の例をあげる。

図1-16　植木市場

図1-17　小売り植木直売場

図1-18　専門植木直売場（養成木）

図1-19　専門植木直売場（ポット苗）

(2) 販売方式と作付け

販売方式，作付けにはいろいろな方法があり，それぞれ一長一短である。

販売方式の主な特徴を次にあげる。

① 生産者が卸売業者や市場に出荷する場合：単価的に低い点は避けられないが，一括して出荷販売できる利点がある。多量に生産する場合，畑の利用，回転率から最も有利な方法といえる。

② 生産者から仲買人へ，さらに造園業者や小売業者に流れる場合：市場出荷に比べてやや有利に取引きされる。しかし，この場合は目的の規格のものを掘り取られるところから歯

抜け状になってしまうことがあり，畑の管理が難しい。

③ 生産者から直接消費者に渡す"庭先販売"の場合：単価的に有利である。消費者が直接苗を選べるところから人気がある。しかし，1株，2株と抜かれることから単一樹種では商売にならず，多樹種を少しずつ育てなくてはならない。この方法は都市での生産に有利な経営といえる。

また作付けは，例えば，市場や卸売業者を対象にした場合には，ツツジやドウダンツツジなどは同一規格のものを10〜30a（1000〜3000m^2＝約1〜3反歩(たんぶ)）つくっていく。

ところが都市住民を対象とした直売では，クルメツツジのような小型で花つきのよいもの，ハナショウブ・ヘメロカリス・ツバキ・サザンカなどの花がきれいで育てやすいものを10aに15〜30種（種類によっては100種）と多種類を列植しておき，消費者に好みの株を自ら抜いてもらえば，生産者の手間が省ける。消費者も自分で選んだということから安い買い物をしたと感じて3〜5種選んでしまうことが多い。計画的に作付けし，今年はこのほ（圃）場*，翌年は隣の畑と替えていけばほ場の管理もよい。

このように植木の流れや市場の動きを研究し，薄利多売（この場合広いほ場を必要とする）方法でいくか，狭い面積を有効に利用し生産量は少ないが専門店として（高度の技術を要する）いくか，山野草のように特定の消費者を対象にしていくか，いくつかの方法が考えられるが，経営規模，技術によって決められる。

植物を生産する場合，『生産者は，植物についてよく知らなくては良い商品（樹木）はつくれない。しかし，販売について知り過ぎては不向きである』といわれている。生産については，その植物を熟知していないと良いものはつくれないが，売る人が興味を持ち過ぎてはどうしても自分の好みに走りやすく，消費者に対しても商品を売るというよりも自分の好みを売るという結果になってしまう。植物も商品として考えなくてはならないが，「趣味」と「実益」となると同好の士を対象にしたごく狭い範囲の取引きに終わってしまう。

以上のようなことから，一定の大きさまで育てる"生産ほ場""販売ほ場"，いろいろな樹種を少しずつ植えた"植えだめ"などを区別して設けていくことが大切である。

1.3 畑 栽 培

(1) 樹木類の生育特性

植物の中でも農家でつくっているコメ，ムギ，ダイコン，ニンジン，イモ類といったものは，大概のものが種子や苗を植えて5〜7か月で，早いものでは2〜3か月で収穫できる。しかし，樹木類は実生・挿し木で苗をつくり，これが商品となるまでには早いものでも3年はかかる。サクラの苗木でも3〜4年を要し，ケヤキやクスノキ・ヤマモモなどで幹周りが1m前後の太さになるには，30〜40年という長い年月と広いほ場を必要とする。

---

* ほ（圃）場：有用な植物を育てるための畑。

(2) 連作障害と土づくり

　樹木の栽培は，野菜などに比べ長い間畑をふさいでしまうとともに，ツツジ類などのように連作障害[*1]を起こしたり，また，連作障害を起こさないまでも2作くらい続けて栽培するとだんだん生育が悪くなるなど，少しずつ障害が現れるようになる。

　このようなことから畑での栽培は，樹種の選定や，どの段階で出荷するか，何年サイクルで畑を回転させていくか，などの計画を十分に練ってから苗づくりにかかるとよい。

図1-20　数年おきに野菜栽培

　野菜を栽培していた畑では，樹木を育てると非常によく生育する。しかし，3年，5年後には生育が悪くなってくる。このように樹木を続けて栽培すると土壌が著しくやせてくる。このため数年おきに野菜栽培を取り入れることが理想的である（図1-20）。6～7年樹木を育てたあとの畑を，種のよい野菜ができるまでに肥沃[*2]な地にするには，3年くらいかかるとみてよい。

　このように樹木の栽培については，いつも土づくりを頭に置き，堆肥をたっぷり施してやり，1作ごとに深耕[*3]したり，また土壌消毒をしていつも新しい畑でつくるようにすることが大切である。

(3) 苗木の植え出し

　実生や挿し木は箱や床で行うが，多くのものは翌年春には植え出しを行う。コデマリ・ユキヤナギ・レンギョウなど成長が早く2年培養で利用可能な大きさに育つものもあれば，床で2年間培養してから植え出しを行うものもある。植え出し間隔は狭くし，2年くらい育ててから間引きをして間隔を広げてやる。樹種によって，またどのくらいの大きさに育てて出荷するかによって，植え出しの間隔も異なってくる（図1-21～図1-25）。

図1-21　多樹種栽培

図1-22　イヌツゲ玉物

[*1]　連作障害：同じ植物を同一場所で栽培を繰り返すと土壌障害により生育が著しく悪くなること。
[*2]　肥　沃：土が非常に肥えていること。
[*3]　深　耕：深く耕すこと。だいたい60cmに耕すことをいう。

図1-23 イヌツゲの小型模様木仕立て

図1-24 植え出し半年後

図1-25 ツツジ類のトンネル育苗（床）

1.4 コンテナ栽培

(1) 欧米のコンテナ栽培

コンテナ（Container）とは容器のことをいう。欧米では使用されなくなった飼葉桶（かいばおけ）に草花を植えたのがはじまりといわれている。この歴史は古く，我が国の街でよく見かけられる漬物の容器や発泡スチロールの箱に花を植えて楽しんでいるのと全く同じように楽しまれている。

アメリカでは，鉄板製のオイル缶を使った苗木育成の歴史が古く，ヤード・ポンド法の容量のガロン（アメリカでは1ガロン＝3.785ℓ）缶を使った栽培が行われている。日本では高さ1m・1.2m・1.5mなどと苗木の高さで取引きされているが，アメリカでは何ガロン缶の苗というように缶の大きさによって取引きされている。オイル缶としては20ガロン缶植えまでである。それ以上のものについては，木製の容器が用いられ相当大きな木まで栽培されている。最近では缶からプラスチック容器による栽培が増加している。

(2) 日本のコンテナ栽培

我が国でも，アメリカの缶栽培を導入したビニール鉢やプラスチック鉢による「ポット栽培」が昭和40年ごろから本格的に始められた。現在では相当数の樹木がつくられているが，今ではポットではなく，「コンテナ」と呼んでいる。

コンテナ栽培は，飼葉桶のように大きな容器ではなく，小は鉢径が3号（9cm）くらいから，大きくても10号くらいまでのビニール鉢やプラスチック鉢での栽培である。最近では根を

通さない"不織布"の開発により，根をこの布鉢に植え込み，縁を5cmほど地上部に残しながら，畑の植え穴に植え付ける「地中コンテナ」栽培や，大型のプラスチック製コンテナでは，樹高3～6mといった大きな木の栽培も行われている（図1－26～図1－31）。

図1－26　コンテナ苗多樹種栽培

図1－27　コンテナ苗の栽培（コニファー類）

図1－28　地中コンテナ栽培（コニファー類・小）

図1－29　地中コンテナ栽培（コニファー類・中）

図1－30　クスノキのコンテナ栽培

図1－31　大型コンテナ植木（アカマツ）

（3）　コンテナ栽培の利点

　畑地栽培では2作，3作を繰り返していくと「忌地現象」（連作障害）により生育が悪くなる。これを防ぐには土壌消毒・有機質の施用・深耕・作付けの変更などを行うが，コンテナ栽培ではこの忌地現象の防止対策の必要性は全くない。

コンテナ苗（鉢植え苗）は整地した畑に規則正しく並べて，自動的に灌水*を行うようにしていけばよい。同一の培養土を使い，肥料，灌水などすべて画一的に管理することから，同一規格の大きさのものを大量に育てることができる。その苗木は四季を通じて扱えるという大きな利点がある。

出荷は樹種によって異なり，樹高1.2～1.5mくらいの大きさから行われていくが，一部を2～3mの大きさに育てての出荷を組み込んでいくのも経営の1つといえる。

（4） コンテナ栽培の欠点と対策

コンテナは地面に直接置くと底穴から根が地中に伸びて，不ぞろいな苗になってしまう。これを防ぐためゴムシートや不織布を下に敷き，根の土中への伸長を妨げるようにする。

この栽培法は，床や箱で育てた実生苗や挿し木苗を2年目に小さな鉢にあげ，成長に従って鉢を大きくしていくが，鉢内に根がびっしり張ってしまってからの鉢替えは，根鉢をよく崩して植替えなくてはならないので労力を要してしまう。鉢替えはやや早めに行うとよい。

風や雨の多い我が国では，風による転倒の防止策は絶対に必要であり，水はけのよい培養土を用いることも大切である。

（5） 今後のコンテナ栽培の動向について

前述のように，我が国の植栽様式は，欧米とは異なった配植の考え方が古くから根強く残っている。近年は昔の配植様式にはこだわらず，欧米のような植栽が多く取り入れられるようになっている。このようなことから，コンテナ栽培苗の需要はますます多くなると考えられる。

第2節　栽培環境

植物栽培において，栽培環境は生育にとって大きな課題といえる。昭和20年以前は自然の節理に逆らわず，ほとんどの作業を自然のままに行ってきた。昭和20年以降我が国の産業は著しい発展をしてきたが，農業の分野でも同様であり，農業資材の開発により，自然を制御しての栽培が花卉や果菜類では当然のように考えられている。

しかし，緑化樹木は草花や葉菜類，果菜類に比べ生育期間が長いことから，全面的に施設を導入しても大きなメリットは見込めない。

緑化樹木では，自然の制御というよりも自然の生育環境を少し手助けし，育苗期間の短縮という面から，一部ガラスハウスやビニールハウスなどの施設栽培を導入することが望ましい。

2．1　気象条件

我が国は南北に細長く，北海道北部から沖縄県南西部の石垣島まで約3000kmあり，亜寒帯から亜熱帯までの地域に属し，標高も0mから約3000mの高低差がある。この範囲に多様の植

＊　灌　水：水かけ，水やり。

物が見られる。このように狭い国土でありながら多様の植物が見られる国は，世界的に見ても例がないくらいである。

しかし，これほど植物に恵まれていながら我が国の公園や街路樹，庭などに植えられる樹木は北海道及び九州南部から沖縄を除く大部分の地域ではその種類にほとんど変化がなく，地域的な特徴に乏しい。これは東京，大阪を中心とした生産構造によるところが大きく，また情報も両地域を中心に発信されることに起因する。もう少し地域の気候を考慮した樹種の選定をすることが大切である。また樹木に限らず草花も含めて研究すれば，南北3000kmの日本もさらに地域的な個性を演出することができるはずである。

地域になじまない樹種の生産には必要以上の設備と労力を必要とするので，地域に古くから生育しているものを育てる方が容易であり，立派につくることが簡単である。欧米のように大規模生産だと，必然的に地域に適した樹種の導入ということになるが，小規模生産では多種栽培に陥りやすくなってしまう。当初は設備をあまり必要とせず，つくりやすい樹種を立派につくることがまず大切である。

アメリカでは農商務省が植物耐性ゾーンマップ（P1ant Hardiness Zone Map）を発表しており，最低気温を地域的に公表していて，卸売業者は植物ごとにどの地帯に耐えることができるかを表示して販売している。

日本においても，㈳日本植木協会が，植栽分布や耐性・生育特性，利用方法など設計に必要な情報をまとめた「グランドカバープランツ」を発刊し，活用されている。

2．2　土壌条件

(1) 土壌の生成と利用

南北3000kmの我が国では土壌も地域によって大きく異なっていることは当然のことであるが，一応人々が耕して作物を栽培しているところに限って見ていくと沖積層土壌，洪積層土壌2つに大別できる。

a．沖積層土壌

今ほど改良が進んでいなかった大河が大雨のたびに出水しては流れを変え，大きな被害を与えていた。

この出水した泥水は，何日か滞水することにより細かい粒子の土が沈殿堆積し，これが何十年，何百年と繰り返されてできた層で「沖積層土壌」と呼ばれる。特に関東平野を横切っている利根川，荒川の流域に多く産出する「荒木田土」と呼ばれる土があるが，この土は，粒子の細かい粘質で水はけの悪い土であるが，保水力がよく，肥沃な土である。

根の細かいツツジ科の植物やわずかな滞水でも根腐れを起こしてしまうジンチョウゲなどには適さないが，ケヤキやサクラ類，モクレン属など落葉性の高木*などはよく生育する。

---

*　高　木：特に規格はないが，比較的大きく生育するもので，原則として単幹，直立の姿を有する樹木のこと。

b．洪積層土壌

古い時代，富士山をはじめ多くの山々が火山活動をしていたころ，噴火するたびに多くの灰を降らせていた。この灰が1m，2mと積もった層で「洪積層土壌（こうせきそうどじょう）」と呼び，別名火山灰土やローム層と呼んでいる。このローム層は関東地方に特に多く見られることから「関東ローム」と呼び，淡黄褐色をしているので「赤土（あかつち）」とも呼んでいる。

また，この赤土の地域は表面が黒褐色をしており，この層は場所によって異なるが，30cmから60〜70cmと深い層をしている所もある。この黒い土は長年にわたり落葉や雑草など有機物が腐食して土と混じった層であり，黒褐色をしているところから「黒土（くろつち）」「黒ボク（くろ）」と呼んでいるが，軽いので「黒ポカ（くろ）」の別名がある。

赤土の下部分は粘質を帯びているが，その上の層はほとんど肥料分を含まず，保水性もあるので鉢植え用土の基本土になっている。そのほか，挿し木に適している土といえる。

表層の黒土は排水性・保水性が高く，肥沃なことから，野菜はもとより草花・樹木などに適した土である。

このほか花コウ岩が風化して砂状になったものや，鹿児島・宮崎地方に見られる「ボラ土」など多くの土壌がある。

市販されている「赤玉土」は赤土を掘り出し，乾燥させた後，大・中・小と3種類にふるい分けたものである。この赤玉土は，保水・排水性があり植物の生育に最も適している。

(2) 土壌の特性

a．物理的性質

物理的性質では，主に土壌粒子の大きさが問題になる。すなわち，土壌を構成する砂と粘土の割合により，砂土・砂壌土・壌土・埴壌土・埴土に分けられる。樹木の生育に適する土は壌土又は砂壌土や埴壌土である。

これらの土は堆肥・腐葉土・ピートモスなどの有機質やパーライト・バーミキュライトなど無機質の土壌改良材を施していく。

b．化学的性質

化学的性質として重要な点は土壌が酸性かアルカリ性かということであり，水素イオン濃度によって分け，pH（ペーハー又はピーエッチ）で表す。数値7を中性として，数字が小さくなるにつれて酸性が強くなり，数字が大きくなるとアルカリ性となる。pH0〜5.5を酸性，5.5〜6.5を弱酸性，7を中心に6.5〜7.5を中性，7.5以上をアルカリ性と分けているが，樹木全般に適する数値は5.5〜6.5くらいである。

2．3 人為的条件，整備

(1) 水はけと土壌改良

植物の生育は，日当たりの良いことはもちろん，水はけの良いことが大切である。水はけの

悪い畑では，周囲に溝を掘ってここに水を集めたり，広い畝を立て，畝と畝の間に水路をつくる方法や，全面に良質土で埋め立てていく方法がある。

荒木田土・赤土・砂質土・ボラ土，そのほかの土もできるだけ腐葉土や堆肥・パーライト・バーミキュライト・ピートモスなどの土壌改良材をたっぷり施してから植えるとよい。

(2) 我が国の土壌の特徴と酸度調整

我が国は，欧米に比べ約2倍の1900mmくらいの年間降雨量があり，どちらかといえば雨の多い国である。雨の多い所が酸性から弱酸性の土壌であるのは，雨によって土壌中に含まれている石灰分が流亡しやすく酸性化が進んでいくためである。幸い多くの樹木は弱酸性から酸性を好むのでこの点は特に問題はない。しかし，極端な酸性土壌では土中のアルミニウムが溶け出し，植物に必要なリン酸分を奪い，土中の微生物の活動も失ってしまう。

樹木を育てた畑では，雨水や灌水によりカルシウムなどのアルカリ分が流亡し，土壌の酸性化が進む。このようなことから数年にわたり樹木を育てている畑は，適量の石灰を施すとともに有機質を多量に施して酸度を調整していく必要がある。

第3節 栽培設備

いずれの地域においても，自然の状態での育成では，すべての種類の植物が栽培可能とはいえない。環境に適するものはよく生育するものの，植物によってはやや環境に合わないものがある。自然環境に合わない多種多様な植物でも，私達が手助けをすることによってよく育つことができるようになる。

このように，自然と適正生育環境とのギャップを埋め，植物の損失を最小限にとどめながら育てるのに必要なものが「栽培設備」である。

3.1 ほ場整備

(1) 畑栽培での整備

ほ場は，植物を育てるうえで最も大切な場所といえる。ほ場内には大きな木や石など作業に支障のあるものは極力取り除き，かつ平たんであることが望ましい。

この場合，1区画の面積をどれくらいにするかが大きな課題である。1区画1品種とした場合でも低木か高木か，苗か成木かによっても異なる。例えば1区画500m²くらいに整えるとほ場管理は容易であるが，大型トラクターなどの導入が困難という欠点がある。畑栽培であれば区画が大きいほど大型機械の導入などによって生産コストの削減につながるが，これは全体の面積や導入樹種をどの段階で取り入れているかによって決まるものである。

ほ場には有機質（堆肥，腐葉土など）や石灰（ツツジ類の栽培には不要）などをたっぷり入れ，深めに耕うん（耘）し，深い良好な耕土をつくっておく必要がある。

(2) コンテナ栽培での整備

コンテナ栽培の場合は耕うんの必要はなく，逆に多少転圧を行って整地し，雑草防止，土はね防止の不織布を敷きつめておく必要がある。コンテナは鉢の大きさが栽培によって異なるが，地面に並べての栽培となるので床づくりをしっかりしておく。

床幅は90cm，120cm，150cmなど鉢の大きさによるが，扱いやすい幅につくり，樹種ごとに区別しやすいように床をつくってコンテナ（鉢）を並べやすいようにしておく。

3．2 給水設備

(1) 畑栽培での給水設備

植物の生育に"水"は不可欠のものであり，給水設備は必ず備えるべきである。

給水設備は栽培する植物の種類や大きさによって方法が異なる。例えば5m，10mと大きな木を植える場合は，植え付けのときにたっぷり水を施してやれば，その後の灌水はよほど乾燥でも続かない限りほとんど必要はない。しかし，細根性・浅根性のツツジ類では，苗木はもちろんのこと，ある程度大きな株になっても日照りが2週間・3週間と続くときには灌水が必要になってくる。特に苗木や低木類は灌水設備が必要である。

大きな木を植える場合，1m・1.5mと深い穴を掘るため地下埋設物は避けたい施設であり，水道管や電線などは日々の作業に支障のないよう，通路沿いなどに設ける必要がある。

(2) コンテナ栽培での給水設備

コンテナ栽培の場合は頻繁に灌水を必要とすることから，灌水設備は必ず取り付けなくてはならない。また，水圧が低くならないように加圧タンクを備え，一定の水圧を維持して，水のかからないところが生じないよう十分留意する。

給水設備には，散水栓の設置とミスト装置の2つが考えられる。散水栓は固定式であるが，ミスト装置には立上がり式と空中配管方式がある。

a．立上がり式

給水管を埋設し，一定間隔に立上がりをつけ，その先端に噴霧ノズルをつけておき，揚水ポンプのモーターを動かすことにより，一定時間ノズルから霧を吹かせる装置である（図1－32）。

b．空中配管方式

通路沿いに水道管を埋設し，ここからパイプを立ち上げて頭上を走らせ，このパイプの上部に一定間隔に噴霧口を取り付け，上に向けて噴射する。

図1－32　立ち上がり式ミスト装置（ミストハウス内の挿し木苗）

3.3 遮光設備

小さい苗やコンテナ栽培には必要な施設である。

地上1.8～2.0mの高さに畝幅よりも広いものを取り付ける。材料は寒冷紗[*1]を用いるのが最も簡単である。寒冷紗には白地と黒地があり，30％遮光・50％遮光・75％遮光などいろいろなものがあるが，50％くらいが最も一般的である。

遮光設備は一般的には簡単なものでは，1.8m又は2.7m幅の寒冷紗の両側に径2cmくらいのリングを45cmくらいの間隔に取り付け，1.8～2.0mの高さに張った8～10番の鉄線に通し，滑車によってスライドできるようにすると便利である（図1－33，図1－34）。

図1－33　寒冷紗を張ったハウス内のミヤマキリシマツツジの挿し木苗と鉢上げ苗

図1－34　寒冷紗を張ったハウス内のツバキの接ぎ木苗

3.4 防寒設備

柑橘類やキョウチクトウなど温帯南部を原産とするものや，ヤブツバキ・サザンカの小苗などは東京以北での栽培では，簡単な防寒が必要となる。最近は簡単にパイプハウスができるので，これで対応するとよい。

第4節　植物の分類と種類

我が国では非常に多くの植物が北から南にかけて見られるが，これらのすべてが緑化樹木として利用されるものではなく，緑化樹木として生かされているものは一部のものである。

緑化樹木としては，樹形や枝葉・花・果実が美しく，樹勢が強くて移植が容易であり，病害虫に強く，強剪定[*2]にも耐えること，さらにその地域に適することなどが緑化樹木の条件といえる。この節ではそのような条件を満たすものについて取りあげる。

[*1] 寒冷紗：細い化学繊維で織った目の粗い布で風除け，日除け，寒さ除けに使われる。
[*2] 強剪定：枝を極端に減少させるような剪定。

4．1　緑化樹木の樹高，形態，樹形による分類

(1) 樹高による分類

① 高　木：特に規格はないが，比較的大きく生育するもので，原則として単幹・直立の姿を有する樹木。

　　また，国土交通省の『公共用緑化樹木品質寸法規格基準（案）』が示す高木とは，植栽時の樹高が3m以上の樹木。

② 中　木：『公共用緑化樹木品質寸法規格基準（案）』では，植栽時の樹高が1m以上3m未満の樹木。

③ 低　木：特に規格はないが，比較的樹高の低い木を指し，1〜2m以下のものが多く，中には4〜5mのものもある。

　　『公共用緑化樹木品質寸法規格基準（案）』では，植栽時の樹高が1m未満の樹木。

④ 地被植物：地表面などを単植又は群植することによって被覆する植物。シバ類，低木類，ツル物，草本類，コケ類，シダ類，ササ類など。

(2) 形態による分類

① 葉の形により，「針葉樹」と「広葉樹」に分けられる。

② 常緑・落葉による分類

　1) 常緑樹：四季を通じて常に緑色の葉を有する樹木。

　2) 落葉樹：春に葉が出て，その秋冬に低温のため葉が落ちる樹木。

③ ツル物：他のものに巻き付いたり付着しながら伸びていく植物。木本性のものは「藤本」ともいう。

④ 特殊樹種：バショウ・ユッカ類・ヤシ類及びソテツを特殊樹として扱うのが一般的である。さらに，イネ科のタケ・ササ類を含めて特殊樹とする場合もある。

(3) 樹形による分類

① 幹の本数による樹形（図1−35(a)）

② 幹や枝の形による樹形（図(b)）

③ 樹冠の形による樹形（図(c)）

(4) そ の 他

[根系による分類]

樹木の地中部分を根系という。

① 主根（直根）：幹に連なる主軸に当たり，垂直方向に伸びている根。

② 側　根：主根から生じ，側方に伸びる根。

③ 細　根：側根の末端の根。

④ 根　毛：若い根の先端近くに密生する毛状の根。

単幹　双幹　株立ち　武者立ち

(a) 幹の本数による樹形

直幹　曲幹　流枝　斜幹　枝垂れ形　懸崖

(b) 幹や枝の形による樹形

円錐形　円筒形　スタンダード仕立　玉物(半円形)　玉散らし　寸胴づくり　トピアリー(リス)

(c) 樹幹の形による樹形

図1-35　樹　形

a．根の役目

根は樹木を土にしっかりと定着させ，養分や水分の吸収・運搬・貯蔵など重要な役割を担っている。

(注) 1．樹木の植えつけ後の生育を考えると，細根がたくさん生じているか否かが庭木の良し悪しを見分ける最大のポイントとなる。
　　 2．苗畑などで養生，管理された樹木は，一般に何回も移植が繰り返され，その都度，直根や太い根が切り取られているため，自然に生えている樹木とは異なり，細い側根や細根が多くなっている。

b．根系の分布

① 深根性：直根が発達し，根系が地中深くまで達するもの（アカマツ・クロマツ・クヌギ・コナラなど）。

② 浅根性：直根の発達が悪く，根系が比較的浅い部分にとどまるもの（ヒノキ・サワラ・サクラなど）。

4.2 針葉樹

　針葉樹とは広葉樹の対語で，葉が針状の樹種を総称している。代表的な樹種としてはイチイ科のイチイ・マキ科のイヌマキ・マツ科のアカマツ・クロマツ・ゴヨウマツ・トウヒ・ヒマラヤスギ・モミ・スギ科のスギ・ヒノキ科のカイヅカイブキ・サワラ・ヒノキなどが属する。針葉樹の英訳はコニファー（conifer）であるが，我が国でコニファーという場合は，欧米の庭に利用されているような，幼樹のときから自然樹形と色彩が美しく，成長の遅い樹種を指している。近年ではコンテナガーデンやイングリッシュガーデンのポイントにコニファー類が多く用いられている。

(1) イチイ（イチイ科）

　イチイは，北海道・本州の特に日本海側の寒冷地に分布する雌雄異株の高木である。オンコ，アララギの別名を持つ。耐寒性・耐陰性の強い針葉樹である。変種のキャラボクは幹が立たず，地際から複数枝幹を出す比較的樹高の高い低木で平地でよく育つ。

　北欧の宮殿の庭には幾何学模様のきれいな刈込みが見られるが，その多くはヨーロッパイチイが使われている（図1－36）。

　[繁殖] イチイは実生による。キャラボクは挿し木による。

　イチイの雌株はよく結実し，先のとがった卵形種子は肉質の仮種皮に包まれており，9月に仮種皮が赤熟したら採種する（図1－37）。

　採種後，仮種皮を水洗いして取り除き，すぐにまくとよく発芽する。しかし，完熟したものや乾かした種子はほとんど発芽しなくなる。

　キャラボクの挿し木は，新梢^{*1}の固まりかけた6月下旬～7月中旬が適期であり，新梢部を6～10cmに切って挿し穂^{*2}とする。

図1－36　イチイの刈込み

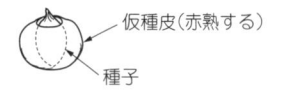

図1－37　イチイの果実

(2) イヌマキ（マキ科）

　関東南部以西の太平洋岸沿いの暖地に自生が見られる。高木でマツ類に比べてやや寒さに弱いことから関東地方以西が適地である。葉はマツよりも広く線形で幅は5～8mmである。やや寒さに弱いながらも目的の樹形に仕立てやすいので，針葉樹の中でマツ類とともに庭木とし

---

*1　新　梢：新しく伸びた芽。若芽。
*2　挿し穂：挿し木繁殖に用いる枝。

て重要な位置を占めている（図1-38）。

イヌマキに比べて葉の長さも短く，葉幅も4～5mmと狭く，成長がやや遅くて枝葉が密生するものをラカンマキという。中国南部や台湾に産し，我が国での利用例は少ない。

図1-38　イヌマキ

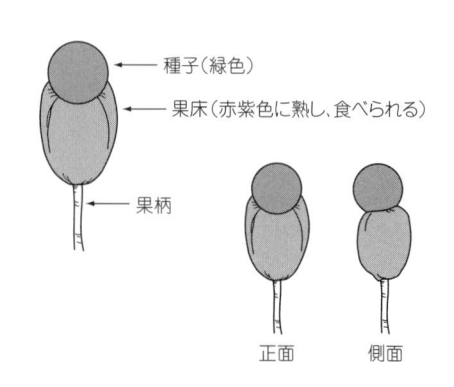

図1-39　イヌマキの種子

[繁殖]　実生による。

雌雄異株で雌株はよく結実する。羅漢様に似た果実は9～10月に熟するが，種子は緑色なので果柄*¹の上部の肥厚部分が赤紫色になれば採取する（図1-39）。種子はポリ袋に入れて5～6℃で貯蔵しておいて3月上旬にまくか，採りまき*²して暖かくして越冬させる。

生け垣用には実生4年生苗が使われる。庭木としては20年生くらいのものから仕立てはじめるが，30年生・50年生の大きな木を仕立て直すのも容易である。

(3)　ヒマラヤスギ（マツ科）

成長が早く放任しても美しい円すい形の樹形になることから公園や学校など公共用緑化樹木として長年にわたって人気のある樹種である。

ヒマラヤの南斜面に分布し，広い場所に植えると下枝は地面に接するほど長く伸び，世界の3大造園美樹（ブラジルマツ・コウヤマキ・ヒマラヤスギ）の1つにふさわしい姿となる。

[繁殖]　実生による。

我が国でも大きな球果をつけるが，充実した種子はごくわずかであることから種子はもっぱら輸入に頼っている。

(4)　アカマツ〈赤松〉（マツ科）

北海道南部・本州・四国・九州の山地に自生するマツで，葉は2葉束生*³でクロマツよりも細い。冬芽は赤褐色を呈し，樹皮も赤褐色で美しく，葉が柔らかくて繊細なところからメマツ（女松）の別名がある。昔は内陸部の庭のマツといえばこのアカマツであったが，戦後の生育環境の悪化により枯れが目立ち，その後はほとんどがクロマツになってきた。しかし，最近は再びアカマツが見直され，庭木として仕立てられている。成長が遅く，クロマツに比べると同じ太さになるまでには倍近い年月を要する。

---

*1　果　柄：果実の柄。
*2　採りまき：種子を木から採って果皮，果肉を取り除いてすぐにまくこと。
*3　2葉束生：2本の葉の根元が結合して出ていること。

[繁殖] 実生による。

球果*1は2年目の初秋に熟し，この中にたくさんの種子を蔵している。この種子を翌年2月下旬にまくと5～6月には発芽するが，庭木として利用できるまでには，20～25年くらいかかる（図1－40）。

(5) クロマツ〈黒松〉（マツ科）

本州・四国・九州に自生する。アカマツよりも標高の低い位置，ことに海岸線沿いに多く自生が見られる。2葉束生の葉はアカマツよりも太くて長く剛強である。冬芽が灰白色なのでアカマツとは容易に区別できる。樹皮は灰黒色で不規則に深く裂け，一見して荒々しいところから，アカマツのメマツに対しオマツ又はオトコマツ（男松）の別名がある。

樹勢が強く，だいたい実生15年生くらいで仕立てていく。仕立てやすく，扱いやすいことから現在は庭木といえばほとんどがこの木である。潮風に強く海岸線沿いに自生することから，海沿いの砂防林はこのマツによって構成されている。

また正月の門松に欠かせない「若松」は実生4年生苗が使われている。この若松も商品として生産されている。

図1－40 アカマツの冬至発芽

[繁殖] アカマツ同様実生による。

2年目に熟す球果を初秋に採り，紙箱に入れて1週間くらい日干しをすると鱗片が開き種子が出る。少量ならすぐに平鉢にまいて乾かさないように越冬させるか，紙袋に入れて雨の当たらない冷暗所につるしておく。翌年2月下旬～3月上旬に，庭・播種*2箱・鉢などにまけば1か月くらいで発芽する（図1－41）。

(6) ゴヨウマツ〈五葉松〉（マツ科）

葉が5葉束生*3であるところに名が由来する。クロマツが海岸沿い，アカマツが山の中腹，さらに標高の高い地域に自生が見られるのがこのゴヨウマツである。枝葉は短く密生するところから，絵に書いたような美しい樹形に仕立てることも可能である。しかし，生長が非常に遅いので庭木よりも「盆栽」として多く用いられている。盆栽では針葉樹の雄として楽しまれている。変種や実生変異によって葉の長短，色などに変化が見られ，ゴヨウマツといってもいろいろな個体*4が見られる。

図1－41 クロマツの実生1年生苗

[繁殖] 実生・接ぎ木による。

---

*1 球　果：丸い形をした果実。マツ科の植物の果実は球形～卵状のものが多い。木化した鱗片が集まり，球形又はだ円体をした針葉樹類の果実。
*2 播　種：種子をまくこと。
*3 5葉束生：根元が結合し5本の細い葉が出ていること。
*4 個　体：1つのもの。

実生は2年目の球果を日に干して種子を採るが、ゴヨウマツはしいな*1の種子が多く、だいたい充実している種子は10%弱である。またアカマツやクロマツに比べて種子が乾くとほとんど発芽しなくなるので、5℃くらいで2月まで貯蔵しておき、2月下旬～3月上旬にまく。

このようにしいなの種子が多いところから「接ぎ木」によっても増やされている。台木*2は実生2～3年生のクロマツ苗を使い、2月に腹接ぎ*3や割り接ぎ*4によって増やす。

(7) ヒノキ，サワラ（ヒノキ科）

ヒノキとサワラは別種であるが非常に類似した近縁種*5であることから同一に説明する。

ヒノキ・サワラは本来建築材として重要な位置を占め、また木工材として風呂桶や水桶など私達の生活の中にも深くかかわっている。この2つには園芸品種が多い。ヒノキの園芸品種としては、チャボヒバ・クジャクヒバ、サワラではシノブヒバ・オオゴンシノブヒバ（別名ニッコウヒバ）・ヒムロ（ヒムロスギ）・ヒヨクヒバ（イトヒバ）が庭木としてよく使われている（図1-42）。

東北中部以南から四国九州に分布する。北海道の札幌市くらいまでは植栽可能である。

[繁殖] ヒノキ・サワラは実生によるが、園芸品種は挿し木による。

図1-42　ヒヨクヒバ

挿し木は5月～7月が適期であり、18～20cmくらいの枝を使い、基部をくさび状に削って水揚げしたあと赤土に挿す。

(8) カイヅカイブキ（ヒノキ科）

ビャクシン属ビャクシンの園芸品種であるがその語源や出生は定かでない点がある。公共用緑化樹木・庭木ともに針葉樹としては最も多く利用されている樹種の1つである。芯を伸ばしていくと10m・15mと高木になるが刈り込むことにより1m以下の玉仕立てや1m程度の境栽垣*6・外垣・狭円すい形仕立てなど好みの樹形に仕立てやすく、わき役的庭木として欠かせない木である。

頻繁に芽摘みをしていくと枝先が火炎状になり洋風の建物や芝庭によく調和するし、かやぶきの住宅でも十分似合う不思議な木である。

[繁殖] 挿し木による。

挿し木は4月中旬～7月が適し、挿し穂は枝先を15cm内外に切り、下半分の小枝を切り取り、基部をくさび状に削って水揚げを行って挿す。

---

*1　しいな：実らないでしなびたもの。
*2　台　木：強健な苗を作る目的から強い根を借りて育てる。その根となる部分をいう。
*3　腹接ぎ：台木の途中部分をそぎ、そこに穂木を差し込んで接ぐ。
*4　割り接ぎ：台木の頂部分を真ん中から割り、そこに穂木を挿し込む方法。
*5　近縁種：分類学上近い位置にあるもの。
*6　境栽垣：敷地の外周に設ける外垣に対し、敷地の内部につくられる内垣の1つで庭とアプローチの間などに設けられる垣根。

（9） その他：コニファー

「洋風で観賞価値が高い針葉樹」と定義づけている（図1-43）。

葉色はバラエティーに富み，緑色・黄緑色・黄金色・橙黄色・青緑色・灰緑色・銀青色などがあり，白斑・黄斑の入るものもある。ガーデニングにもよく使われる。

図1-43　コニファー類

4.3　常緑広葉樹

常緑性の幅の広い葉を持ち，1年を通して常に一定の緑葉があるものを常緑広葉樹という。葉を全く落とさないということではなく，春に萌芽して新しい葉が開くと古い葉を落とす。

落葉樹は晩秋に葉を落とすが，常緑樹は5〜6月が落葉期となる。常緑広葉樹は温帯下部から熱帯の樹林を構成する代表的なものである。さらに，クスノキ・タブノキ・スダジイ・ヤブツバキ・サザンカなどのように葉の表面に光沢がある樹木を中心に構成される樹林を照葉樹林と呼ぶ。北方系の針葉樹に対し，南方系の植物といえるので耐寒性にやや欠けるものが多い。

（1）　シラカシ，アラカシ（ブナ科）

東北南部以南から四国・九州に分布する。スジダイが太平洋岸沿いに多く見られるのに対し，どちらかといえば内陸部に見られる。

庭木・生け垣や公共用緑化樹木としてはシラカシが関東地方で，アラカシが関西地方でよく利用されてきたが，最近ではどちらの地域でも両種が使われている。

近縁種のウバメガシは，四国では散らし玉仕立てに，本州では生け垣や円筒形・円すい形仕立てで利用されている（図1-44）。このウバメガシでつくった炭が有名な「備長炭」である。

図1-44　ウバメガシ

[繁殖]　3種とも実生による。

10〜11月に熟した果実は，乾かすと発芽力がなくなるので，川砂に混ぜて土中に埋めておく。翌年2月下旬〜3月上旬にまくと4〜5月に発芽する。東京以西なら採りまきして乾かさないように管理すれば4〜5月に発芽する。

（2）　スダジイ（ブナ科）

東北南部から四国・九州に分布が見られる。高木で樹勢が強くて成長が早い。潮風や大気汚染に対して強く，刈り込みができて移植が容易なことから庭木，生け垣，公共用緑化樹木として最も多く利用される樹種といえる。正しくはスダジイであり別名シイ，イタジイと呼ぶが一

般的にシイ，シイノキと呼んでいる。

　[繁殖]　実生による。

　10～11月に種子は熟すが乾燥させると発芽力がなくなるので，採りまきする。

　斑入種(ふいりしゅ)は3月に切り接(き)ぎ*1によって増やす。

（3）　クスノキ（クスノキ科）

　関東以西四国，九州に分布する高木である。樹勢が強くて土質を選ばないうえに成長が早くて強い刈込みもでき萌芽力もよい。寒さにやや弱い点はあるが，大気汚染に強いことから昭和30年代後期から公共用緑化樹木として東京付近で爆発的に利用が拡大し，現在でもよく使われる樹種の1つである。

　近縁種のタブノキ（別名イヌグス）は，青森県から沖縄県まで自生が見られる耐寒性のある木である。葉は倒卵状長だ円形，厚革質(こうかくしつ)*2で表面には光沢がある。

　[繁殖]　実生による。

　ダイズ大の果実は10月～11月に黒紫色に熟すので，果肉を除き水洗い後，暖地では採りまき，東京付近では種子を砂と混ぜて土中に埋めておき，3月上旬にまく。

（4）　ゲッケイジュ（クスノキ科）

　南欧地中海沿岸地方原産の高木であるが単幹にはなりにくく，地際から複数の幹を立てて大きくなる。葉は濃緑色革質の長だ円形で波状の全縁葉(ぜんえんよう)*3である（図1-45）。また，葉には芳香があり，陰干しした葉は肉料理に欠かせないハーブの1つである。

　古代ギリシャでは，勝者にこの枝葉でつくった環を贈ったことから平和の象徴として扱われている。庭木・コンテナガーデンなどに適した木である。

図1-45　ゲッケイジュの花

　[繁殖]　実生・挿し木・取り木による。

　雌株は10～11月にダイズよりもやや大きめの果実が黒紫色に熟すのでこれを採り，果皮を取り除いたあと砂と混ぜて土中に埋めておき，3月上旬にまく。

　挿し木は6月下旬～7月に充実した新梢を10cm内外に切り，基部(きぶ)*4をくさび状に削って挿す。

　取り木は根元にたくさんのひこばえ*5を出すので，4～5月又は9月にスコップで切り取って根のついている苗を1本ずつ小さい鉢に植えるが，地上部は$\frac{2}{3}$くらい切っておくと活着(かっちゃく)*6がよい。

---

*1　切り接ぎ：台木の切り口の一部を薄く縦にそぎ，その部分に穂木を挿し込んで接ぐこと。
*2　厚革質：厚くて硬さを感じさせるようなもの。
*3　全縁葉：葉の縁にぎざぎざがなくのっぺりしているもの。
*4　基　部：根元の部分，枝は幹に近い部分をいう。
*5　ひこばえ：根元近くから発生する多くの小枝。
*6　活　着：根づくこと。

（5） カナメモチ（バラ科）

　新梢の美しい中高木で特に鮮やかな新梢のベニカナメモチは，関東以西で生け垣の主流材となっている（図1-46）。この木は刈り込めば赤い新梢を発生するので3～4回新梢が楽しめる木である。オオカナメモチとの交配種のレッドロビンは枝葉がやや大ぶりであるが，新梢が美しく樹勢の強い品種である。

　[繁殖] 挿し木による。

　時期は6月下旬～7月に充実した新梢の頂部を15～20cmに切って挿し穂とする。

図1-46　ベニカナメモチ

（6） モチノキ（モチノキ科）

　樹皮から小鳥の捕獲に使われる「トリモチ」がつくれることに名が由来する。高木で東北南部以南に植栽が適する。厚革質で深緑色の葉は美しく，日陰にも耐え，成長は中程度で剪定に耐え，移植も容易である。また潮風にもやや耐え，大気汚染に強い都市型樹木の代表ともいえる（図1-47）。花は地味で目立たず雌株は秋に径7～8mmの果実をつける。

　庭木，生け垣に古くから多く使われてきたが，通風や手入れが悪いとカイガラムシの被害が出やすく，スス病を併発するので近年では敬遠される木の1つである。

　近縁種のクロガネモチは葉柄や当年枝が紫色を帯びる。雌株は径5mmの果実を葉腋にたくさん固まって付け，紅熟して美しいことから中部地方以西では接ぎ木をした雌株のクロガネモチがよく使われている。

図1-47　モチノキ

　[繁殖] モチノキは実生，クロガネモチは接ぎ木による。

　実生は赤熟した果実を採り果肉を取り除いてきれいに水洗いしてすぐにまく。発芽は2度目の春以降となる。

　接ぎ木は3年生苗を台木に3月下旬～4月上旬に切り接ぎする。

（7） イヌツゲ（モチノキ科）

　本州・四国・九州の山野に自生する比較的樹高の高い低木で，日陰にも育ち，土質を選ばない。成長は遅く枝葉が細かくて密生し，強い刈り込みに耐え，潮風や大気汚染に強いなど，花が目立たないことを除けば，これほど庭木としての条件を備えている木は少ない。庭の主木やわき役としていろいろな樹形に仕立てられ，また生け垣としても使いやすく，様々な状況で多用されている。

　[繁殖] 実生・挿し木による。

実生による場合は，雌株に10〜11月にアズキ大の果実が黒熟するのでこれを採り，果肉を取り除いて水洗いしすぐにまくと翌年4〜5月に発芽する。

園芸品種のマメツゲ・フイリイヌツゲ・キンメツゲ・ゴールデンジェム・ホウキイヌツゲ（スカイペンシル）などは挿し木による。

(8) モッコク（ツバキ科）

葉は長だ円状の倒卵形で，縁は全縁，厚革質で表面には光沢がある。成長はやや遅いが日陰や潮風，大気汚染にも強く，樹形も整った気品のある樹種である。寒さにはやや弱く関東地方くらいまでが植栽範囲といえる。

古木になると風格が出て昔からモチノキとともに庭木にかかせない木の1つであり，必ずといってよいほど植えられていた。ただし，ハマキムシの被害が多く観賞性が著しく損なわれるため，近年ではあまり利用されていない。

[繁殖] 実生による。

7月に淡黄色の5弁の小さな花を咲かせ，10月〜11月に球形の果実が熟し，不規則に裂けて濃橙赤色の種子を現す。暖地では採りまきするが，土壌の表面が凍るところでは乾かさないように貯蔵しておき3月上旬にまく。

(9) ヤツデ（ウコギ科）

東北南部以西から四国・九州の山地に見られる低木で，7〜9深裂の大きな分裂葉*であるところに"八ツ手"の名は由来する。

この木も前述のアオキ同様大気汚染や日陰に強い数少ない木の1つといえる。美しい斑入種もある。

同じウコギ科のカクレミノは，関東以西の太平洋岸沿いの山地に自生する低木で，枝条は細く立性となり，樹勢の強い木である。

[繁殖] 実生・挿し木による。

ヤツデの果実は4月〜5月に，カクレミノは10月〜11月に熟すのでこれを採り，果肉を取り除いて水洗いし，ヤツデは採りまきする。カクレミノは土中に貯蔵しておいて3月上旬〜中旬にまく。

斑入り種は，挿し木で6月下旬〜8月上旬に若い枝を15〜20cmに切って挿し穂とする。

(10) アオキ（ミズキ科）

北海道南部・本州・四国・九州の山地に自生する低木で株立ちになる。枝は粗生し，発生3〜4年くらいまで緑色であるところに名は由来している。

土質は特に選ばないが腐植質に富む適湿地を好む。耐陰性が非常に強く，陽の当たらない場所に適する貴重な樹種である。大気汚染にも強いが枝がよく伸びるもの，成長が遅くコンパクトにまとまるもの，葉の斑も様々な模様が出るものなど個体変異が多く見られる（図1−

---

* 分裂葉：手のひらを広げたような形をした葉。

48)。シロミノアオキも美しい。

　[繁殖] 実生・挿し木による。

　12月ごろに赤く色づきはじめるので3月～4月に採り，果皮を取り除いて水洗いしすぐにまく。日当たりのよい所よりも腐植質の多い木の陰などがよい。発芽は晩秋から早春になる。美しい斑入り種やシロミノアオキは挿し木による。挿し木は本年生枝を6月～8月に行うとよく発根する。

(11) キンモクセイ

　中国中南部が原産といわれている小高木で，秋に花を咲かせる。"芳香のよい"というよりも"芳香の美しい"という言葉がふさわしい。大気汚染にやや強いが，その影響で花つきが悪くなる。

図1－48　フイリアオキ

　前述のモチノキ・モッコクとともに昔から庭木の「御三家」ともいわれ，必ず植えられてきたが，今日では芳香のよい花を咲かせるキンモクセイが最も使われている。日当り，水はけのよい窒素成分の少ない肥沃な土だと花がよくつく。

　[繁殖] 挿し木による。

　適期は5月下旬～6月に今年伸びた枝を12cm～15cm前後に切り，上部2～3枚の葉を残して下の葉を切り取り，基部をくさび状に削り十分水揚げをして密閉挿し*にする。

(12) ヒイラギ（モクセイ科）

　縁起木として節分にこの木の枝にイワシの頭を刺して魔除けとする習慣は今でも残っており，玄関近くに植えたり，鉢植えで育てるなど隠れた人気のある木の1つである。

　小高木でモクセイと同様の4弁の小花は白くて芳香がよく，10月下旬～11月中旬に開花する。樹勢が強く日陰や大気汚染に強く，成長は遅いが強い刈り込みにも耐えるなど育てやすい木である（図1－49）。フイリヒイラギは葉が美しい。

図1－49　ヒイラギ

　[繁殖] 挿し木・実生による。

　5月～6月にだ円形の果実は黒紫色に熟すのでこれを採りまきし，水洗いして調整する。水をふきとりビニール袋に入れて5℃くらいで10月まで貯蔵しておき，10月～11月に寒さをいくらか防ぐ樹間下にまく。翌年4月～5月に発芽する。

---

*　密閉挿し：挿し木の方法の1つで，光が通過するフィルムで挿し床をすっぽり覆って湿度を保ち，管理する方法のこと。普通の挿し木では発根しにくいものに行う。

(13) サンゴジュ（スイカズラ科）

　葉は狭長だ円形，濃緑色の革質でつやがあり美しい。果実は秋に美しく赤熟し，この状態がサンゴに似ているところに名が由来する。

　小高木で生け垣に最も多く利用されている。またこの木は防火効果が非常に強い木として注目されている。

　[繁殖]　実生・挿し木による。

　時期は6月中旬～7月が適し，充実した新梢を20～30cmに切って挿すとよい。直接生け垣をつくる位置に挿し木することもできるほど活着しやすい木であるが，最近のコンテナ栽培では実生がよく用いられる。

4．4　落葉広葉樹

　落葉性の幅の広い葉を持ち，春に萌芽し秋に紅葉して葉を全部落とし，冬は幹や枝だけになってしまう樹木を落葉広葉樹という。この仲間は総体的に寒さに強い。温帯北部から温帯中部にかけては，北から針葉樹，落葉広葉樹，常緑広葉樹のかたちで生育している。

　春から秋は葉が繁り，冬はすっかり葉を落としてまた変わった姿が楽しめるなど，我が国の美しい四季にあわせて変化する樹木である。

(1)　イチョウ（イチョウ科）

　中国原産の高木でクスノキとともに巨木を各地に見ることができる。樹勢の強い木で秋の黄葉は見事である。成長は早く，強剪定に強く，耐火性，大気汚染にも強い。種子は10～11月に熟す。外種皮は多肉で悪臭があるが内種皮は白色で固くこれをギンナンと呼んで食用とする。大きくなるので庭木には適さないが公共用緑化樹木としての需要は多い。

　[繁殖]　実生，接ぎ木による。

　実生は種子を土中に埋めておき，3月にまくとよく発芽する。フイリイチョウ，オハツキイチョウや種子を採ることを目的とする雌木は接ぎ木による。台木は実生3年生苗を使い3月中～下旬に切り接ぎを行う。

(2)　シダレヤナギ（ヤナギ科）

　中国中南部原産の高木で細かい枝を長く下垂するのが特徴である。古くから街路樹や公共用緑化樹木として利用され，かつて"銀座の柳"と歌われたのはこのヤナギである。湿地に強い数少ない木であり，公園などの池の縁の植栽に適する。

　[繁殖]　挿し木による。

　2～3月上旬に前年生枝を30～50cmに切って湿潤地に挿すと簡単に活着する。1～1.5mの長い枝を挿してもつく。

(3) シデ類（カバノキ科）

　クマシデ属の高木である。新梢が赤味を帯び秋の紅葉が美しいアカシデと秋に黄色になるイヌシデ，果穂[*1]が筒状のクマシデが雑木として庭や公園に使われている。

　特にアカシデは葉が小さくてつやがあり，外見が女性的なところから盆栽でもアカメソロと呼ばれ古くから使われている（図1-50）。

　[繁殖]　実生による。

　果穂がやや褐色になった9月下旬～10月下旬ごろ採り，種子を水選[*2]し充実した種子を選ぶ。播種は採りまきか低温で貯蔵しておき2月下旬にまくとよい。

図1-50　アカシデ

(4) シラカバ（カバノキ科）

　寒冷地や冷涼地に自生する高木で，樹皮が白く美しい木である（図1-51）。冷涼な高原の雰囲気を演出するのに最もふさわしい木として需要が高い。我が国ではもっぱら雑木の1つとして扱われている。

　ヨーロッパでは改良が進められており，ヨーロッパシラカバを基に3～5年生の木で幹が真白になるもの，ジャコモンティ種やしだれ性，葉や若葉が帯紫褐色になるアカバシラカバなどいくつかの園芸品種がつくられている。

　[繁殖]　実生・接ぎ木による。
　ジャコモンティ種は茎頂培養による。

図1-51　シラカバ

10～11月に果穂を採り，細かい果実を採ってすぐにまくとよい。種子が細かいので覆土は薄くする。乾燥を防ぐため発芽までは厚めに敷きわら[*3]をかけておき，発芽が見えるようになったら速やかに敷きわらを取り除く。

　園芸品種は接ぎ木による。台木に実生3年生苗を使い，切り接ぎで行う。

(5) ブナ（ブナ科）

　山地又は冷涼地に自生する高木である。盆栽としては古くから使われてきたが，庭木や公園などで使われ始めたのは最近のことである。

　ヨーロッパでは緑化樹木としての改良が進んでおりたくさんの園芸品種が見られる。根張りがよく，樹形が美しくなり，枯れ葉が春まで枝に残るのが特徴である。

---

*1　果　穂：細かい果実（種子）を穂状にたくさんつけて垂れ下がるもの。
*2　水　選：種子を水に浸し結実していない軽い種子を取り除く種子の選別法の1つで，充実している種子は水に沈む。
*3　敷きわら：本来イネわらや麦わらを根元に敷くことであるが，今では堆肥や腐葉土をイネわらの代替に使っている。

[繁殖] 実生による。

果実は10月に熟するがしいなが多いので、拾い集めたら水選する。水選した種子は川砂と混ぜて土中に貯蔵しておき、2月下旬～3月上旬にまく。

(6) クヌギ、コナラ（ブナ科）

両種とも武蔵野の雑木林を構成する代表的な高木である。庭や公園に自然を取り戻そうという目的で近年需要の多い木である。

両種の違いは、クヌギ（図1-52）は葉が狭長だ円形[*1]であるがコナラは倒卵形[*2]～狭倒卵形[*3]である。

幹については直立して灰黒色で深い縦裂の溝が入るクヌギに対し、コナラは樹幹がやや屈折し樹皮は灰白色で大きくなると縦に浅裂が不規則に入る。

堅果[*4]は、球形で大きいクヌギに対しコナラは円柱状長だ円形で小さい。また秋から冬、枝に枯葉が残るのはクヌギの特徴である。

図1-52 クヌギ

[繁殖] 実生による。

10～11月に堅果（ドングリ）が熟すので、乾かさないうちにすぐにまくことがこつである。

(7) ケヤキ（ニレ科）

本州・四国・九州で使われている公共用緑化樹木の中の落葉高木では、最も多く扱われているといっても過言ではない。特に市街地の植栽に多く使われている。陽樹[*5]であり、成長は早く、強剪定に耐え、樹勢が強く、耐風性のある木である。矮性[*6]のツクモケヤキやフイリケヤキ、むさしの1号といった品種がある（図1-53、図1-54）。紅葉の状態、枝の出方、開き方などいろいろな個体が見られる。

[繁殖] 実生・接ぎ木による。

実生は種子の皮が褐色になりかけたころに採り、すぐにまくとよく発芽する。完熟させたり乾燥させた種子は発芽しなくなる。

園芸品種や優良な個体（立性[*7]・横開性[*8]・中間的なもの、紅葉の美しいものなど）は最近

[*1] 狭長だ円形：だ円形であるが狭く、さらに長い形をしている。
[*2] 倒卵形：卵のとがっている方を下にしたような形の葉。
[*3] 狭倒卵形：倒卵形でさらに細くなっている。
[*4] 堅　果：果皮は乾燥して薄く、木質で堅く種子から離れやすい。
[*5] 陽　樹：生育に陽光を非常に好む木。
[*6] 矮　性：生物がその種の一般的な大きさよりも小形なまま成熟する性質のこと。主に園芸分野において、著しく草丈・樹高が低いことを指す用語として用いられる。
[*7] 立　性：幹に対して枝が鋭角に発生して生育する形の木。
[*8] 横開性：立ち性とは逆に枝が大きく横に張り、大きな樹冠をつくる形の木。

ではほとんど接ぎ木によって増やされている。実生3年苗を台木に3月中〜下旬に切り接ぎとする。

図1-53　ツクモケヤキ

図1-54　むさしの1号の並木

(8) カエデ（カエデ科）

秋の紅葉が最も美しくなることからモミジと呼んでいる高木である。各地の秋を彩るイロハモミジに代表される。地域ごとに適した種類があり，さらにそれぞれの変種や品種があり，その数は数百にも及ぶ。

長野・岐阜・愛知県に多く見られるハナノキ，肝臓に効果があるとブームをおこしたメグスリノキ，カナダの国旗に描かれている葉で樹液から砂糖を採るサトウカエデなど紅葉の美しいカエデの仲間である。

鉢植えや盆栽にはイロハモミジやハウチワカエデ（図1-55），トウカエデ・園芸品種が適し，庭木にはイロハモミジ・ハウチワカエデ・園芸品種が適する。また公共用緑化樹木にはイロハカエデ・イタヤカエデ・トウカエデ・北米産のネグンドカエデ・ヨーロッパカエデなど大型のものが適する。

［繁殖］実生・接ぎ木による。

種子はほとんどのものが9〜10月に熟するのでこ

図1-55　ハウチカエデ

れを採り，手でもんで翼部分を取り除き，乾かさないように砂に混ぜて土中で貯蔵し，翌年春にまく。種子の含水量は60〜80％が適するので乾燥には十分注意する。

接ぎ木は呼び接ぎ[*1]と切り接ぎによる。昔は，台木・穂木[*2]ともに根のある呼び接ぎによって増やされていたが，今では接ぎ口がきれいに仕上がる切り接ぎによって増やす。

---

*1　呼び接ぎ：台木と穂木の一部を削り，その部分を合わせて結束する接ぎ木の方法。
*2　穂　木：育てたい苗を得るための品種の枝。育てたい品種の苗をつくるために接ぐ枝。

(9) その他

シダレエンジュ(マメ科)などがある。

4.5 花木類

花を観賞の目的とする樹木類のことで、非常に幅広く、20〜30mの大きさになるヤマザクラから30cm程度にしか伸びないクサボケまで含まれる。

このようにたくさんの種類や園芸品種を擁する大きなグループになるので代表的なものをいくつか取り上げる。

(1) ソシンロウバイ (ロウバイ科)

中国原産の広葉の落葉低木で、最近では花がやや小さなロウバイはほとんどつくられておらず、ロウバイといえば品種のソシンロウバイである(図1-56)。

ソシンロウバイは個体変異が大きく、早いものでは12月中旬ごろから開花するもの、花の形も丸弁・剣弁、色の濃淡などいろいろな変化が見られる。特に丸弁で花の大きなものをマンゲツロウバイと呼んでいる。いずれも芳香のよい花が特徴であり、早春の花として人気がある。庭木、鉢植え、切り花によく使われる。

図1-56 ソシンロウバイ

[繁殖] 実生、接ぎ木による。

実生は8月〜9月に熟し、さやはミノムシ状で中にチョコレート色の長だ円状種子が4〜10個くらい入っている。この種子を採りまきする。10日ほどで発芽するので東京以北では冬期防寒保護する。

接ぎ木は実生2〜3年生苗を台木に使い、3月中〜下旬に切り接ぎする。

(2) マンサク (マンサク科)

広葉の落葉低木である。開葉前に花を咲かせ、4枚の花弁は細いひも状で少しよれながら伸びる(図1-57)。いくつかの園芸品種が見られる。

ロウバイ、サンシュユ、マンサクは花がいずれも黄色で幹を立てず、地際から4〜5本の幹を出して大きな株状になる。よく似ている花木であることから、早春に黄色い花を咲かせる花木の「御三家」ともいわれている。

図1-57 マンサク

[繁殖] 実生・接ぎ木による。

蒴果*は10月に入って採り，紙袋に入れておくと裂けて，中に黒く固い種子が2個入っている。これを採りまきしても発芽は2年目の春となる。

接ぎ木は実生3年生苗を台木に，3月下旬に切り接ぎする。

(3) サクラ類（バラ科）

我が国を代表する花木といえる落葉広葉の高木で山野に10種前後見られるが，その園芸品種は数百種にも及ぶ（図1-58，図1-59）。3月下旬から5月上旬は南から北へ桜前線が北上し，サクラに埋めつくされる。またヤエザクラの花を塩漬けで楽しみ，オオシマザクラの葉は桜餅に，ヤマザクラの木の皮は桜皮細工，桜材は木工工材や燻製燃料にと私達の生活ともかかわりの深い花木であり，安定した需要のある花木である。

図1-58　カンヒザクラ　　　図1-59　ヤエザクラ

[繁殖] 実生・挿し木・接ぎ木による。

ヤマザクラ，オオシマザクラ，オオヤマザクラなどは実生で増やす。果実は6月～7月上旬に熟すのを採り，果肉を除いて水洗いし採りまきする。土をやや厚目にかけ，さらに敷きわらをして夏の高温と乾燥を防ぐようにする。翌年春に発芽する。

接ぎ木はヤマザクラ，オオシマザクラなどの実生苗かマザクラ（オオシマザクラ系）の挿し木苗を台木に，3月中～下旬に切り接ぎするか8月に芽接ぎする。マメザクラは挿し木で，2月～3月上旬に前年枝を10～15cmに切って挿す。

(4) フジ（マメ科）

つる性の落葉木本で，山地では他の木に絡みついて長く伸びる。花は4～5月に淡紫青色の蝶形花で房状に下垂して咲く（図1-60）。大きく色の濃い花を咲かせ，房の短い"ヤマフジ"，房が50～60cm以上の長さになる"フジ"（正式には"ノダフジ"と呼ぶ），さらに90～150cmにも伸びるものを"ノダナガフジ"と呼んでいる。

図1-60　フ　ジ

---

*　蒴　果：種子を包む硬いさや。

淡紅色の花やヤエザキ，小さくて花をよく咲かせるものなどの園芸品種も見られる。

[繁殖] 実生・接ぎ木による。

実生は10月ごろ灰白色になる莢果*を採り，厚手の紙袋に入れておくとはじけて薄く丸い種子が出るのでこれを採りまきする。

接ぎ木は実生苗を台木に3月下旬に切り接ぎする。

（5） ヤブツバキ・サザンカ（ツバキ科）

花木の中では，最も代表的な樹勢の強い常緑広葉の低木〜高木である（図1−61）。

ヤブツバキは本州北部までで育つが，サザンカはやや寒さに弱く東北南部くらいまでが生育可能といえる。花形・花色に富み，園芸品種は数百を超える。日陰にも耐え，潮風・大気汚染に強い。庭木・鉢植え・コンテナガーデンなどで楽しめる。

[繁殖] 実生・挿し木・接ぎ木による。

図1−61　サザンカ

実生は9〜11月に果実を採り日陰に2〜4日おくと果皮が割れて中から暗褐色の種子が1〜5個（品種によって様々）出てくるのでこれを採りまきするか，乾かさないように土中に埋めて貯蔵しておき2月下旬〜3月上旬にまく。

挿し木は6月下旬〜7月に充実した今年枝を6〜12cmくらいに切り，基部をくさび状に削って赤土か鹿沼土に挿す。

接ぎ木は割り接ぎ・三角接ぎ・呼び接ぎで行う。

（6） サルスベリ（ミソハギ科）

中国中部〜南部原産の高木であるが，低木の園芸品種もある。盛夏に花を咲かせる数少ない花木といえる。サルスベリには白花や紅色，紅紫色の花がある。近年は矮性種の一歳サルスベリの改良が進められている。

また，ウドンコ病に強い品種や花の美しいものがつくられている。幹の美しいシマサルスベリは花は白くて小さく野趣のある木である。落葉樹であるが暖地性の花木であり関東地方くらいまでが植栽可能な地域である。

[繁殖] 挿し木・実生による。

挿し木は2月下旬〜3月中旬ごろ，前年生の充実した枝を18〜20cmに切り，基部を鋭利なナイフで両面を削って挿す。

一歳サルスベリは実生で，3月中旬（ビニールハウス内では2月）にまく。早まきすると一部は秋に開花し，いろいろな樹形や花色の個体が現れる楽しみがある。

---

*　莢　果：マメ科の植物の種子。

（7） ハナミズキ（ミズキ科）

　北米原産の落葉広葉の高木で，4～5月に小枝の先に白色の花弁状をした4枚の大きな総苞[*1]片をつけ，中心部に緑黄色の小花を頭状に咲かせる（図1-62）。ソメイヨシノの花が終わると引き継ぐように咲く。木があまり大きくならないところから昭和40年代から最も普及した代表的な花木といえる。紅色や赤色・白色大輪の丸弁種・二重咲・斑入り種・しだれ性・矮性種など多くの園芸品種がある。我が国の山地に自生するヤマボウシは近縁種であり，最近ではハナミズキとヤマボウシの交配種も生まれている。

図1-62　ハナミズキ

　[繁殖]　実生・接ぎ木・挿し木による。

　実生は10～11月に赤熟した果実を採り，果肉を取り除いて採りまき又は川砂に混ぜて土中に埋めておき，翌春2月下旬～3月上旬にまく。4月に発芽する。

　接ぎ木は実生2～3年苗を台木に3月中～下旬に切り接ぎ，また8～9月に腹接ぎをする。

　挿し木は6月下旬～7月上旬に新梢を2節に切り，葉を切りつめて赤土か鹿沼土に挿す。

（8） サンシュユ（ミズキ科）

　3月ごろ葉の出る前に鮮黄色の小花が多数固まって咲く落葉広葉の比較的樹高の高い低木で，花どきには株全体が黄色く花で覆われる（図1-63）。この姿を"ハルコガネ"と呼ぶ。また秋には長だ円形の液果[*2]が鮮やかに赤熟することから"アキサンゴ"の別名がある。ソシンロウバイとともに早春の代表的な花の1つで，庭木，鉢植え，切り花などに利用されている。

図1-63　サンシュユ

　[繁殖]　実生・接ぎ木による。

　秋に熟した果実を採り，果肉を取り除き種子を水洗いしてすぐにまくか，川砂を混ぜて土中に埋め，2月下旬～3月上旬にまく。発芽は2年目の春になる。

　接ぎ木は実生苗を台木に，3月中～下旬に切り接ぎする。

（9） ツツジ類（ツツジ科）

　北海道から九州にかけての各地域に分化した種類が見られる。落葉性及び常緑性の低木の樹勢の強い花木である。また変種や園芸品種が多い。サツキツツジは千種以上の園芸品種が見ら

---

*1　総　苞：葉の変形したもので花序の下についている。
*2　液　果：肉果の一種で，中果皮上の水分が多いもの。カキやブドウなどの果実。

落葉性の種類としてはゲンカイツツジ・ミツバツツジ・レンゲツツジ（図1-64）など，常緑性の種類ではウンゼンツツジ・エゾムラサキツツジ・キリシマツツジ・ケラマツツジ・サクラツツジ・サツキツツジ・モチツツジ・ヤマツツジ・リュウキュウツツジなどがある。

図1-64　レンゲツツジ

[繁殖] 実生，挿し木による。

落葉性ツツジ類は主に実生で増やす。秋に熟したさやを採って紙袋に入れておくと開いて細かい種子が出る。これを翌年3月ごろ（温室やビニールハウス内では2月に）細かくした水ゴケの上に播種する。3年目には開花する。

常緑性ツツジ類は挿し木で増やす。花後に伸びた新梢を穂木に使い鹿沼土に挿す。

(10) シャクナゲ類（ツツジ科）

シャクナゲは我が国では，北海道から九州にかけて10種くらい自生するが，いずれも高山や冷涼地に生育し，平地では育てにくいため"高嶺の花"として扱われている。常緑広葉の低木でこれを一般的に「和シャク」と呼んでいる。

これに対し，中国やヒマラヤが原種のシャクナゲ，我が国のシャクナゲを親にして欧米・オーストラリア・ニュージーランドなどで交配育種された常緑広葉の低木のシャクナゲは「セイヨウシャクナゲ（洋シャク）」と呼んでいる。樹勢が強く花の形や色が豊富で多くの園芸品種がある。

[繁殖] 実生・挿し木・接ぎ木による。

実生はツツジ類に準じて行う。挿し木は7月中～下旬及び10月中～下旬に挿すとよい。

接ぎ木は一部のものに実施され，台木には台湾産のアカボシシャクナゲやデコラム・ポンチカムなどを用い，3月下旬に接ぎ木する。

(11) その他

アメリカリョウブ・カラタネオガタマ・ハナズオウ・ハンカチノキ・ヒトツバタゴ・モクレンなどの利用が目立ってきた。

4.6　実　も　の

果実が美しいものやさらに食べて美味なものをまとめて「実もの」としている。

この実ものの中には，ブドウやモモ・ナシ・クリ・ウメ・カキというような経済性が高く「農産物」として集中的に栽培されているものもあるがこれらも1・2本庭で楽しまれていることから庭木としての実ものという見方をしている。もちろん食べられないで果実を眺めて楽しむだけのものもたくさんある。

一時，大ブームを巻きおこしたキウイフルーツは，著しく繁茂することから我が国の家庭事情ではやや無理があると見え，最近では家庭果樹として植えられる例が少ない。

(1) イチョウ（イチョウ科）

非常に大きくなる木の代表的な1つであり，公園・学校など公共用緑化樹木として多く生育されている。この実のギンナンを農産物として栽培しているところもある。この場合良質の果実をつける園芸品種を栽培することが大切であり，現在では藤九郎・久寿・金兵衛といった園芸品種が栽培されている。

栽培は，今までは半ば放任状態にして大木に育てているもの，近年はウメやモモの木のように脚立を用いて管理できるような盃状形仕立てで栽培しているところが多い。

[繁殖] 接ぎ木による。

接ぎ木は実生苗を台木に使う。台木は3年生苗から使えるが，実生5～6年生の太い苗を使い高接ぎも容易で，切り接ぎによる。

(2) ピラカンサ類（バラ科）

コトネアスターとよく似る実ものである。ピラカンサとはトキワサンザシ属の総称で常緑広葉の低木である。前年枝の各葉腋から短枝を出して20～30個の果実をつける。

11～12月にダイズ大の扁平球の果実は鮮紅色に美しく熟し，ときには枝が大きく下垂し滝のような姿になる。斑入り種や黄色の実をつけるものなどいくつかの園芸品種がある。

[繁殖] 挿し木による。

挿し木は，6月中旬～9月に新梢を10～12cmに切って挿す。

(3) コトネアスター類（バラ科）

コトネアスター類は，寒さに強いベニシタンに代表されるシャリントウ属の常緑性から落葉性まである低木である。いずれも9～10月にアズキ大～ダイズ大の果実が鮮紅色に熟して枝を埋める（図1－65）。特に濃緑色の葉と鮮紅色の果実とのコントラストの美しい丈夫な実ものである。

[繁殖] 挿し木による。

挿し木は6月中旬～8月上旬に，新梢を5～12cmくらい切って挿す。

図1－65 コトネアスター

実生も容易であるがいろいろな個体が出るのであまり好ましくない。

(4) カリン，マルメロ（バラ科）

落葉広葉の高木でいずれも寒地や冷涼地に適する。花も白色～紅色で美しく，にぎりこぶしからやや大きめの果実は10月ごろから黄色に熟する（図1－66）。この果実はのどの痛みやせきに対して薬効があること，樹勢が強く樹形が立性で狭いところでも育てやすいことから庭木

としてよく利用される木の1つである（マルメロは小高木でやや横開性である）。

[繁殖] 実生・接ぎ木による。

実生は10～11月に熟した果実を割ると濃褐色の細かい種子が入っているので，この種子を採りまきするか，川砂と混ぜて土中に貯蔵しておき，2月下旬～3月上旬にまく。よく発芽し，薄まきにすると秋までに大きく伸ばせる。

図1-66 カリン

接ぎ木は両種ともカリンのしっかりした実生2～3年苗を台木に使い，3月中～下旬に切り接ぎする。

（5） ウメモドキ（モチノキ科）

雌雄異株の落葉広葉の低木である。雌株は花後結実し，アズキ大～ダイズ大の果実が9月ごろ赤色に熟し枝を埋める（図1-67）。

実生の雌株の果実には多少大きさに変化が見られる。果実が帯黄白色の"シロウメモドキ"，果実が最も大きな"大納言"，枝葉，果実とも非常に細かい"小生梅（こしょうばい）"などの園芸品種がある。

[繁殖] 実生・接ぎ木による。

図1-67 ウメモドキ

秋に熟した果実をよくつぶし，果皮，果肉を水で洗い流して種子を採る。この種子を採りまきするか，冷蔵庫で乾かさないように貯蔵し，翌年3月上旬にまく。肥培すると雌株は3～4年目には結実する。

接ぎ木は実生3～4年苗を台木に，3月中～下旬に接ぐ。

（6） マユミ（ニシキギ科）

全国の山地に見られる落葉広葉の低木で秋の紅葉も美しく，雌株は蒴果をたくさんつけ，10～11月にはこの蒴果が淡紅色に熟し，4裂して種皮の赤い種子を表し紅葉とともに野趣のある実ものといえる（図1-68）。

[繁殖] 実生・挿し木・接ぎ木による。

実生は熟した種子を採り，果肉を取り除き，よく水洗いし，採りまきか乾かさないように貯蔵しておいて翌年2月下旬～3月上旬にまく。

図1-68 マユミ

挿し木は，6～7月ごろに今年枝（緑枝）を挿す。

接ぎ木は実生3～4年生苗を台木に，3月中～下旬に切り接ぎする。蒴果が濃紅色のアカミマユミや蒴果が帯黄白色のシロミマユミなどは，接ぎ木によって増やす。

(7) イチゴノキ（ツツジ科）

ヨーロッパ原産の革質の葉で美しい。常緑広葉の低木である。開花期は5～6月ではあるが10～11月にも開花する。果実は10～12月が熟期である。花も果実も楽しめる。さらに果実は決して美味のものではないがジャムや果実酒で楽しむのも1つの方法である。

矮性で実つきのよいものや淡紅色の花をつけるものなどいくつかの園芸品種があり，寒さにも強い丈夫な花木である（図1-69）。

図1-69　イチゴノキ

[繁殖] 挿し木による。

温室内であれば前年生枝を挿し穂に3～4月に挿せるが，今年生枝が充実した7月及び8月下旬～9月下旬が適期である。

挿し穂は5～7cmに切り，30～60分の水揚げ後発根促進剤をつけて細かい鹿沼土に挿すとよい。

(8) その他

ブルーベリー・オリーブ・アロニア・アメリカザイフリボクなどの利用が目立ってきた。

4.7 地被類

木を植えたらその木の下は土のままに，というのが我が国の庭づくりの考えであった。昭和40年代に入ると緑化は一気に事業の拡大が見られるとともに，欧米文化や情報の渡来の中で造園も裸地を見せずすべてを緑で埋めつくそうという考え方が入ってきた。この考え方は首都高速道の整備に伴って関心が高まってきた。

首都高速道の高架下は陽光も雨も当たらず，植物にとっては最も生育条件が悪い。このような場所でも育つ植物を，ということから生産者も植物の選定には大変苦労したものである。

ここでは，フッキソウ（低木類）・セイヨウキヅタ（つる物類）・ツワブキ（草木類）・ササ類・リュウノヒゲ（草木類）について説明する。

(1) フッキソウ（ツゲ科）

漢字で"富貴草"と書く常緑性の低木で，北海道から四国・九州まで利用できる日陰に強い植物である。

寒い地方では初秋ごろにダイズぐらいの大きさの透き通るような白い果実をよくつける。

[繁殖] 株分け・挿し木による。

長い地下茎をポットに植えつける。株分けもこの地下茎をつけて植えるとよい。

挿し木は規格の3芽をポットに直接挿すとよい。

(2) セイヨウキヅタ（ウコギ科）

関東以西の山地に入ると木に絡みついている常緑ツル性の植物が見られる。本種はその仲間の欧米産のもので日陰やあまり雨にも当たらない条件の悪い場所でもよく育ち樹勢も強い。種類もたくさんあり地被植物の代表といえる（図1-70）。

［繁殖］挿し木による。

一般的に挿し木は鉢や箱・挿し床などに挿して苗をつくりそれを鉢に上げる方法がとられるが本種の場合は直接ビニールポットに挿すこともできる。3号・3.5号鉢に3本の挿し穂を挿して苗をつくる。挿し木は4月下旬～9月まで行える。

図1-70　セイヨウキヅタ

(3) ツワブキ（キク科）

関東以西の太平洋岸沿いの温暖な地域に見られる常緑性の多年草で、秋に鮮黄色の美しい花を長く伸びた花柄の先にたくさん咲かせる。濃緑色の丸く大きな葉はつやがあり、群生させると美しく、潮風や大気汚染に対する抵抗性も強い。

［繁殖］実生・株分けによる。

実生は初夏に熟した種子を採ってまき、現在の規格である3.5ポット3枚葉苗なら出荷できるが、株分けするのもよい。

(4) ササ類（イネ科）

クマザサ（図1-71）・コクマザサ・ヤクシマザサ・オロシマザサ・オカメザサなどいくつかの種類が利用されている。厳密にはオカメザサはタケの仲間に入るが、ここでは地被類のササ類として扱う。地域に適したササがあり利用も多い。

［繁殖］株分けによる。いずれも2月下旬～3月が適期である。

図1-71　クマザサ

(5) リュウノヒゲ（ジャノヒゲ）（ユリ科）

全国的に自生が見られる常緑性の多年草で、濃緑色線状の葉を数枚出して茎を立てない。日陰には強く、樹林下に自生する植物である。個体差が見られ、タマリュウのように数cmほどしか伸びない種類もある。

［繁殖］株分けによる。

3月中旬～9月まで酷暑期を除けば扱える。また簡単な施設があれば周年扱うことができる。

地被類にはこのほかにもたくさんの種類があるがここでは省略する。

4．8　特殊樹種

常緑樹・落葉樹・枝を出すものなどを一般樹木としているが，大きな枝を出さなかったり，ほとんど枝を出さないものについては"特殊樹種"として分けている。

特殊樹種には，タケ・ササ類，ヤシ類，キミガヨラン，ユッカラン，ニオイシュラン，リュウゼツラン類，バショウなどがあるが，ここではタケ・ササ類及びヤシ類について説明する。

(1)　タケ・ササ類（イネ科）

地被類としても取り上げているが，ここでは大きくなるものについて述べる。日本的な植物であるが必ずしも寒さに強いものではない。だいたいのものが植栽できるのは，東北地方南部くらいまでと見てよく，それ以北では種類が限られる。

カンチク・キッコウチク・キンメイチク・キンメイモウソウ・クロチク・シホウチク（シカクダケ）・ナリヒラダケ・ホテイチク・モウソウチク・ヤダケ・トウチクなどたくさんの園芸品種がある。

［繁殖］株分けによる。

適期はタケノコの出る1か月前くらいといわれる。種類によって多少異なり3月ごろから4月にかけて，また9～10月にタケノコの出るものは8～9月が適期といえる。稈*の太いモウソウチクのようなものは1本ずつ，細かいものは3～5本くらいに分けて掘る。新しく苗を植えつけて肥培し，そこから新しく掘り取れるようになるまでには数年を要する。

(2)　ヤシ類（ヤシ科）

この植物は地域に限定されてしまうので生産も少なく，植栽地も限られてしまう。その中で丈夫なものはカナリーヤシ（図1-72）・クジャクヤシ・シュロ・シンノウヤシ・チャメロップ・トウジュロ・トックリヤシ・トックリヤシモドキ・ヤタイヤシなどたくさんの種類がある。

いずれも商品化するまでに長い年月を要するものが多い。

図1-72　カナリーヤシ

［繁殖］実生によるが暖地に限られる。

房総南部・伊豆南部・伊豆諸島・四国・九州などの無霜地帯が適する。

＊　稈：タケ，イネなどのイネ科植物の中空な茎。

4.9 カラーリーフ植物

「カラーリーフ植物」とは，緑葉のみでなく，斑入り植物や黄葉・青葉・銅葉などのカラフルな色彩を持った植物の総称である。

近年，カラーリーフ植物を用いた植栽や寄せ植えが大変人気を高めている。

管理面においても，花を中心とした庭ほどには手間が掛からず，気軽に庭づくりが楽しめる植物である。

アメリカキササゲ（黄葉）・マサキ（黄金葉）・チョウセンレンギョウ（黄葉）・モチノキ（黄葉）・コロラドトウヒ（青葉）・ユズリハ・ジャノメアカマツなどがある（図1-73，図1-74）。

図1-73　ユズリハ（白斑）　　　図1-74　ジャノメアカマツ

第5節　栽培管理

「管理」はすべての栽培植物にとって不可欠のものである。私達の健康管理から社会における人事管理，物品管理・○○の管理というように緑化樹木も商品として育てるわけであるから，この栽培管理は非常に大切なことである。一定の高さがあり，一定の太さに幹が達していればよいというものでなく，枝の出方・葉の状態・根の状態はどうか，病害虫に侵されていないかなどに留意し，理想的な商品をつくるためにはその「管理」が非常に大切なものといえよう。

5.1　整　枝*

庭木や公共用緑化樹木は，実生・挿し木・接ぎ木・株分けなどによって増やし，この苗を畑に植え，目的の大きさに育てていき販売される。この場合，公共用については公共用緑化樹木等品質寸法規格基準（案）による審査があり，民間においてもこの基準に準じて流通する。したがって，規格に合わせた整枝剪定が必要である。

低木類や生け垣材などは3～4年で目的の大きさになり市場に出荷される。

＊　整　枝：より多くの花や果実をつけ，さらに管理しやすい樹形にすること。

高木でも数年で出荷するのが一番効率のよい栽培法といえるが，中には数年から10数年，20数年，それ以上に育てられるものもある。この場合，20年・30年経たなければ商品にならないというわけではない。高木のものはどの大きさで出荷するか目的を持って育成し，その出荷時に最も理想的な姿にしていく必要がある。

マツ類やイヌマキ，イヌツゲ，イチイ，キャラボクなどのように一定の大きさに育ててから仕立てに入るものでも10数年，20年全く放任しておいてよいというものでなく，将来の姿を頭に描きながら整枝していくのが理想の形といえる。

5．2　施　　肥

花や果実が目的でない「緑化樹木」については大きさや品質が単価を決めているので，短期間で出荷できるよう十分な肥培管理*を行う必要がある。

緑化樹木は庭や公園などに植えられたものについては，枝葉の繁りを抑える目的から"施肥"は控える場合が多い。しかし，ほ場に植えてある期間は商品として半製品・製品であることから，いつ取引きされてもよい状態にしておく必要があり，施肥は絶対に必要である。

樹木の成長は，春から初夏にかけて葉をよく繁らせ，枝をよく伸ばす伸長成長と幹や枝が太さを増す肥大成長が活発になる。9〜10月になると翌年の成長のための養分を貯蔵する期間となる。このようなことから樹木が活動を始めるころから3月にかけて窒素成分をやや多めに与えるとよい。8月下旬〜9月上旬には，リン酸・カリ成分をやや多めに含む粒状化成肥料を施すとよい。

また，畑地のやせを防ぐ目的から年に1度は堆肥を施すことも大切である。2年間有効の緩効性化成肥料のブリケットを根元に埋め込むことによって細根が集まり，ケヤキではクレーンでつるしての根巻き（揚げ巻き）が可能となり，作業性にも寄与している。

5．3　病害虫防除

野菜や草花などはともかく，緑化樹木となると病害虫防除についてはやや手抜きされている傾向がある。枝につくカイガラムシ，新梢や葉につくアブラムシ，葉を食害するケムシ類やイモムシ類などのように著しく木の美観を損なうものについては適切に駆除している。一方，葉や果実，枝や幹に付着する褐斑病や黒斑病・黒星病・サビ病・コウ薬病などについてはやや放置される傾向が見られる。しかし，商品としての樹木については，いずれの病気や害虫も駆除しておくべきである。

特に，チャドクガの幼虫による被害が著しく，その毛によって激しいかゆみやかぶれを引き起こすのでときどき問題になっている。

発生時期は，チャドクガは卵で越冬し，1回目が4〜6月，2回目が7〜9月である。防除

---

*　肥培管理：肥料を施し薬剤散布など十分な管理をして育てる。

するには群生している幼虫を見つけたら，虫体に触れないように枝葉ごと除去したり，薬剤散布で防除するとよい。

寄生植物は，ツバキ科のツバキ・サザンカ・チャに多く発生し，まれにナツツバキ・ヒメシャラにもつくが，他の科の樹種にはほとんどつかない。

5．4　間引き，断根

3〜4年で出荷される低木類は，苗木の植えつけ時に一定の間隔をとって植え，そのまま出荷まで育てる場合が多く，出荷時には相当枝葉が密生してくる。3年又は4年目には全部掘り取られる。サクラ類やユリノキ・スダジイなどを例にとると，当初から数年後の枝葉の繁りを見込んだ畝間，株間で植える方法がある。畝間については数年後の広さの中間に1列，さらにその間に1列と植えておき，3〜4年目に1〜2段階下の規格で，順次中間の畝を出荷する方法も考えられる。

数年で出荷する場合，細根をつくる目的から栽培途中で断根するようなことはない。それ以上の年数をかけて肥培したり，又は根が悪く移植がやや困難なものについては断根を行い，細かい根をつくっておく必要がある。特に長年肥培するものについては，根回しや断根は必要な作業である。根回しや断根を行うことにより生育が一時的に鈍くなるが，良い根であることも商品としては大切である。

5．5　ほ場管理

除草が最も大切な作業といえる。以前は除草剤の使用がよく行われてきたが，環境汚染の原因といわれ使用が難しくなっている。機械による耕うん除草や敷きわらなどにより雑草の発生を抑制するなど，化学的薬剤に頼らずに行うことが理想的である。

また畝間をときどき耕うんすることにより土壌の固結を防ぎ，地表近くの根を切ることによって細根をつくるなどの効果があることから，耕うん機で作業できるだけの畝間をとっておくこともよい。

近年，除草剤はかつてのような土や根を傷めるようなものは使われなくなり，現在利用されるものは水と炭酸ガスに分解されてしまうものが多い。しかし，使用量を少なくするにこしたことはないので，初期に低濃度で少量散布することを基本としている。

最近樹木の剪定枝葉の野焼きが禁止されたことから，これらをチッパーで細かく切ってマルチ材として使用し，雑草防止の効果をあげている例が多く見られる。

学習のまとめ

- 緑化樹木には，20～30mの高木だけでなく1～2mの低木類やリュウノヒゲなどの草本性のものまで含まれる。
- 緑化樹木は植林のスギやヒノキなどのように商品として真っすぐな柱や板がとれればいいということではなく，健全な生育状態や外見の美しさが高く評価される。
- 畑の植木は土中に広く根を張っているが，商品としていつでも移すことができるよう根づくりがしてあることも大切な要素である。
- 根のよい緑化樹木の需要が大きく，大型のコンテナ栽培の研究が進められている。
- 緑化樹木のうち，特に庭木用として仕立てたものは，し好性が大きく左右するので流通体系については十分な研究が必要である。
- 緑化樹木にはそれぞれ特性があり，根が太く粗く伸びるもの，細かい根がたくさん浅く張るものなどいろいろある。また土には粘質で重い土とローム質の軽い土があり，根系との関係は大きい。
- 緑化樹木も樹勢は強いものの幼苗期は寒さにやや弱く，一定の大きさになるまで保護を必要とするものが多い。
- 緑化樹木には葉の細いもの，葉の広いもの，1年中葉をつけているもの，晩秋に葉を全部落としてしまうもの，花の美しいものなどいろいろなタイプのものがある。
- 生育過程でよりよい「商品」をつくるには，適切な肥培が必要である。栄養不足や過多に陥らず必要なときに肥料を与えるように心掛ける。
- 育成の段階で枝もよく伸びるので，どういう「商品」につくるかをはっきり決めて剪定をしていくことが大切である。

練習問題

1．畑栽培に必要なほ場の整備に当たって，具体的作業を2つ挙げなさい。

2．次の文章で，正しいものには○印を，誤っているものには×印をつけなさい。

　(1) 不織布製鉢の地中コンテナ栽培は，鉢の縁までそっくり地中に埋める方がよい。

　(2) 実生や挿し木では，多くの樹種が翌年秋に植え出しを行う。

　(3) 多くの園芸品種がつくり出されてきたのは，江戸時代以降である。

　(4) 樹木全般に適する土壌の化学的性質は弱酸性である。

　(5) 樹木には，寒冷紗の遮光率30％くらいが最も一般的である。

3．次の文章は，公共緑化樹等品質寸法規格基準（案）についての記述である。①～⑤に正しい語句を記入しなさい。

　幹周りとは，樹木の幹の（　①　）をいい，根鉢の上端より（　②　）m上がりの位置を測定する。この部分に枝が分岐しているときは，その（　③　）部を測定する。

　幹が（　④　）本以上の樹木の場合においては，おのおのの周長の総和の（　⑤　）％をもって幹周りとする。

第2章

栽 培 作 業 法

　緑化樹木を育成する場合，まず良質な系統の苗を選ぶことが大切である。動物でも家畜化された牛や馬，豚や鶏などはもちろん犬，猫までも「血統」が非常に大きな役割りを果たしている。樹木も，優良な系統の苗であっても放任しては立派な木には育たない。適切な管理をしてはじめて立派な緑化樹木が育つわけである。

　このように育苗は将来をも左右することから，いかに良質な苗木を育てるかが大切である。

第1節　繁　　殖

　自然界の植物は，花を咲かせ昆虫や風などによって花粉が運ばれ結実する。一定期間を経て熟成した種子は，その木の下や鳥や風などにより，また人為的に広がり，別の場所で発芽し子孫を維持していく。

　しかし，人の手によってより大きく，より美しい花に，又はより大きくて美しく美味な果物のように改良が加えられたものは稔性*（ねんせい）を失ってしまう。大きな果実の中に大きな種子が含まれてはいるものの，この種子からは苗が得られない。たとえ稔性があっても親のような優良種はほとんど出てこない。

　また，美しい花を咲かせても結実しないものなど優良品種ほど増えにくくなる。このようなものは，人為的遺伝形質が継続できる挿し木や接ぎ木などの栄養繁殖で増やしていかなくてはならない。

　繁殖にはいろいろな方法があり植物に適した方法で増やしていく必要がある。

1.1　実　生　法

　種子をまいて苗を得る方法である。変異が少ない樹種について同一種の大きさのそろった丈夫な苗を一度に多量に育てられる利点がある。

　しかし，「トンビがタカを生む」のことわざがあるように千本，万本という数の中には親株の花や果実よりもはるかに優れた突然変異が生じることもある。今日のような科学技術が進んでいなかったころは，皆この方法で新しい品種をつくり出してきた。

---

*　稔　性：結実が完全に行われ充実した種子ができること。

現実には"実生"によってつくられるものは，アカマツ・アラカシ・イチョウ・イヌツゲ・イヌマキ・カエデ類・クスノキ・クヌギ・クロマツ・ケヤキ・コナラ・シラカシ・シラカバ・スダジイ・ヒマラヤスギ・ブナ・モチノキ・モッコク・ユリノキなど葉や樹形を楽しむもののほか，ウメ・カキ・ナシ・バラ・ミカン類・モモ・ヤブツバキなどは台木として実生苗を育てていく。

(1) 採　種

実生法ではまず「種子」を集めなくてはならない。例えば，コブシ・ハナミズキ・モッコクなどは，市街地に多く植えてあるので秋に集めることが容易である。クヌギ・ケヤキ・コナラ・シデ類・シラカバ・ユリノキなどのように高木や種子の細かいものは採種が容易ではない。多量に求めたいときには，採種を業としているプロに依頼し必要量を入手するとよい。

しかし，樹種や年によって実がならなかったり，発芽率が悪いものなど不安定要素があることを心得て対応しなければならない。

図2-1～図2-3に果実と種子の例を示す。

図2-1　ハナミズキの果実と種子

図2-2　ソシンロウバイのさや
（この中に10個ぐらいの種子が入っている）

図2-3　ソシンロウバイの種子

(2) 貯　蔵

樹木の種子の形態にはいろいろな性質のものがある。
① 固い皮に覆われているウバメガシ・クヌギ・コナラ・シラカシ・スダジイのようなもの
② ウメ・サクラ類・ナシ・ナンテン・ハナミズキ・モモなどのように果肉に包まれているもの
③ ツツジ類のように非常に細かいもの

など様々なタイプがある。

　しかし，多くのものが採種後の乾燥を著しく嫌うと思ってよい。同じマツ類でもアカマツ・クロマツとゴヨウマツは扱い方が異なるなどいろいろである。

　このようなことから冬期著しく霜柱のできるところでなければ，採種後すぐにまく「採りまき」がよい。しかし冬の間は，霜柱が立つと，まいた種子を持ち上げ，露出，乾燥させるため十分注意しなければならない。

　翌年春まで貯蔵しておく場合は，目の細かい丈夫なネットに砂を混ぜて入れ，それをさらに土中に埋めておく。又はやや湿らせる程度に水分を含ませビニール袋に入れ冷蔵庫の野菜室で保存し，早春にまくとよい。

　このように湿らせて貯蔵する方法を湿層貯蔵法という。

　ツツジ類は乾いてもよく，調整した細かい種子は，紙袋に入れて冷暗所につるしておき，春にまく。

(3) まき方

　まき床は，播種箱(はしゅ)を用い深さは10cmくらいがよい。ツツジ類やユーカリ類のように種の細かいものは5～6cmの深さがあればよい。縦横の大きさは，特に指定はないが土を入れて持ち運びのできる大きさがよい。

　播種土は，一般的な庭土であればそののままでよい。荒木田土のような粘質土であれば赤土か黒土を盛りあげて床をつくる。腐葉土を混ぜる場合はよくもみ，10mm目くらいのふるいでふるったものを使用するとさらによい。

　箱や鉢に使う培養土は赤土に細かい腐葉土かバーミキュライト，細かいパーライトなどを30～40%混ぜたものを使う。細かい種子のツツジ類は細かくした水ゴケだけでよい。

　まき方は，全面にまく「ばらまき[*1]」「条まき[*2]」「点播[*3]」などのまき方があるが，緑化樹木の場合はそのまま育てるものではなく，遅くても1年後には移植するので，ばらまきか条まき（畑の場合）が一般的である。

　覆土は種子の大きさにもよるが，だいたい種子の厚さの1～1.5倍くらいとする。しかし，ツツジ類は覆土する必要はない。

　播種後は十分に灌水(かんすい)し，乾かさないようにイネわらかこも，又は寒冷紗(かんれいしゃ)を発芽するまでかけておく。

1.2　挿し木法

　挿し木は，親株の一部（枝）を使い，土などに挿し根を出させて1つの個体をつくる方法である。親株と全く同じ性質の植物（クローン）である。花は咲くが果実をならせないものや果

[*1]　ばらまき：箱や鉢，床に種子をまく場合，全面にぱらぱらと均等にまく方法。
[*2]　条まき：種子を一定の間隔をとってすじ状にまく方法。
[*3]　点　播：前後左右に一定の間隔をとってまくこと。

実はなるがこの種子をまいても親と同じものが出ないもの、カナメモチ・サンゴジュ・ヤマブキ・ユキヤナギなどのように種子をつけるが実生よりも挿し木の方が早く大きな苗が得やすいものなどには、もっぱらこの挿し木法が用いられる。この方法は同一の植物が一度に多量に簡単につくれる利点がある（図2－4，図2－5）。

図2－4　ハナゾノツクバネウツギの挿し木苗

図2－5　ジンチョウゲの挿し木苗

(1)　挿し木の時期

　枝を切ってむやみに挿しても活着するものではなく、挿す時期が大切である。樹種は針葉樹・常緑広葉樹・落葉広葉樹に大別され、それぞれ挿す時期が異なり、植物の種類によっても大きく異なる。

　一般的には、針葉樹は4～5月上旬及び6月下旬～7月で、常緑広葉樹は6月下旬～7月を適期とするが8月中旬でも可能なものもある。落葉広葉樹は2月が適期であるが、幅があり3月上旬～中旬でも可能な春挿しがよく活着するものもある。また、ドウダンツツジやハナミズキ・アジサイなどのように落葉樹でも5月下旬～6月上旬、ボケのように9～10月が適期といえるものもある。密閉挿しは5～6月が適する。

(2)　挿し穂の採取

　挿し穂は、挿し木するときに採取する。採取から挿し木まですぐ行えない場合には、2～3日であれば枝が乾かないように切り口を水につけておくか、2～4週間であればポリ袋に入れて密閉して冷蔵庫で貯蔵しておく。特に常緑樹は、乾かさないよう速やかに挿すことが大切である。

　挿し穂は、落葉樹では充実していることが大切である。常緑樹では枝が充実し過ぎ（堅くなり過ぎ）ても発根に影響してくるので採る時期が肝心である。これはその年の気象によって多少異なってくる。

(3)　挿し穂の調整

　挿し穂は枝の太さ、節間の間隔、葉の大小などによって異なる。シダレヤナギやプラタナス・イチジクなどのように簡単に発根するようなものは長さ30～50cmで、シダレヤナギは1.0～1.5mの枝でも可能である。一般的には10～15cmくらいが標準的な挿し穂長さといえる。細い枝のものになると3～5cmくらいのものもある。やや同一の長さに切った挿し穂は、すば

やくきれいな水につけて"水揚げ"を行う。

(4) 挿し木用土

培養土は，ふつう，赤土・鹿沼土・川砂などが用いられる。腐植質を含まないものであれば身近なものでもよい。庭に挿し床をつくる場合には赤土か鹿沼土で深さ15〜20cmの床をつくる。落葉性の低木類で活着しやすいものは黒土のような畑なら直接挿してよい。挿し箱や鉢挿しは細かい培養土がよい。

(5) 挿し方

調整・水揚げした挿し穂は，挿し床ができたらすぐ挿してよい。

庭や畑の挿し床に挿す場合は，翌年2〜3月の掘り上げまでそのまま置くことから間隔をおいて挿す。挿し箱や鉢挿しの場合は，発根後まもなく植え広げるのでかなり密に（2〜3cm間隔）挿して効率よく苗をつくっていく。

1．3　接ぎ木法

親株の枝の一部を使って増やすので挿し木に似る。挿し木で活着しにくいものや実生では目的の花や果実がならないものについて，元気のよい根（台木）を借りて親株と同じ個体をつくる方法を「接ぎ木」という。高度の技術を要するが，つくられた苗は初期から生育のよい苗を得ることができる。特に園芸品種はこの方法による。

(1) 台木の育成

台木をつくることがまず必要である。例えば，サクラ類の場合はヤマザクラやオオシマザクラ・エドヒガンザクラの実生苗・マザクラの挿し木苗を，ツバキではヤブツバキの実生苗かオトメツバキやタチカンツバキの挿し木苗が台木として使われる。バラではトゲナシノイバラの実生苗を，マツ類はクロマツの実生苗，ケヤキはケヤキの実生苗というように主に基本種が台木に使われる。台木に使用される苗の大きさは一般的には2〜3年生である。高接ぎでは，10年・20年の大きな台木を使う場合もある。

台木の例を図2−6に示す。

図2−6　ドイツトウヒの台木

(2) 接ぎ木の時期

接ぎ木は，ふつう，3月中旬〜4月上旬を適期とするが，接ぎ木の方法や施設（温室やビニールハウスなど）の有無によって異なってくる。例えば，常緑広葉樹は温室内であれば1月から接げるし，2〜3月と継続できる。芽接ぎや腹接ぎは8〜9月に行う。

(3) 接ぎ穂の採取

芽接ぎや腹接ぎは，枝や芽を採ってすぐに接いでよい。切り接ぎの場合は1月下旬〜2月上

旬に採り，土中や冷蔵庫内で貯蔵しておくと活着がよい。接ぐ時期の3月中旬～下旬に採ると，台木とともに接ぎ穂も樹液の流動が始まっており活着がやや悪くなる。台木は活動しているが穂木は休眠状態の方が活着率はよい。例えば，バラは接ぎ穂の表皮に細かいしわができるくらい日にちが経ったものでも活着するほどである。このように一概には言えないが，樹種によって異なるので研究が必要である。

(4) 接ぎ木の方法

いろいろな方法があるが，「切り接ぎ」が最も一般的な方法であり，樹種によって異なっている。

　a．切り接ぎ

台木の地際近くで枝を切り取り，切り口の一部を削り（切れ込みを入れる。），そこに穂木を差し込んでしっかり結束する。台木の真中で割って接ぐのが「割り接ぎ」となる。切り接ぎ苗の例を図2-7に示す。

　b．呼び接ぎ

2つの方法がある。台木と穂木（挿し木苗）に根がある場合で，これは一番失敗のない方法である。「挿し呼び接ぎ」は接ぎ穂には根がなく，水に挿して接ぐ方法である。

図2-7　コロラドトウヒの切り接ぎ苗

　c．腹接ぎ

台木は切り詰めず枝の途中をそいで，そこに穂木を差し込んで接ぐ方法である（図2-8，図2-9）。

図2-8　ハナミズキの腹接ぎ　　　　図2-9　マツの腹接ぎ

　d．芽接ぎ

台木の枝の途中の樹皮を左右に開いて，この中に1芽をそぎ取ってはめ込み，結束しておく方法で，芽は接ぐときに採る。

　e．緑枝接ぎ

萌芽した枝がまだ固くなる前に，同様の穂木を割り接ぎの方法で接ぐ。

このほか根接ぎなどの方法がある。また台木を植えたまま接ぐ方法を「居接ぎ（図2－10）」，台木を掘りあげて接ぐ方法を「揚げ接ぎ」と呼ぶ。

①台木の調整：発芽1か月後に15～20cm間隔に植え直し，翌年3月まで肥培。接ぎ木直前に8～10cm残して切り，化成肥料を少し施す。
②接ぎ木後の結束状態：ビニールテープで一連に結束する。1本ずつの結束でもよい。
③覆土：接ぎ木後，接ぎ穂の乾燥を防ぐ目的から土をかける。細かく砕いた土を両側から丁寧に施す。
④覆土完了：覆土は接ぎ穂の頂部が少し見えるか，隠れるぐらいの程度でよい。

図2－10　サクラの居接ぎ

(5) 接ぎ木後の管理

接ぎ木は難しく，高度の技術を要するといわれている。確かに1，2度で活着させるまでに至るのは簡単ではなく，長い経験が必要である。これは口述や活字で理解を深めながら，体験で覚えていくことが大切である。

さらに大事なことは，接いだものに対する温度と湿度の管理である。高温の必要はなく，15～20℃，80～90％の湿度が保てれば理想的である。腹接ぎ・芽接ぎは暑い時期に接ぐので接いだものは戸外で管理してよい。このように湿度・温度さえよく管理すると接ぎ木も成功率が高くなる。

1．4　取り木法

挿し木は，枝を切り取って土に挿し根を出させて1つの個体をつくるが，取り木法は，親株の根元から出たひこばえや枝の途中から根を出させてから切り離し，1つの個体をつくる方法である。最も確実な方法であり大きな苗木が得られる利点があるが，最も効率の悪い増やし方である。カラタネオガタマのように挿し木では根が出てからの生育が悪く，接ぎ木台の育成が困難なものはもっぱらこの方法による。ミスト装置のあるガラスハウスなどで挿すとよく発根

(1) 取り木の方法

株分け（ひこばえの切り離し）・圧条法・高取り法がある。

株分けは，コデマリ・ザクロ・シジミバナ・シモツケ・ヒュウガミズキ・ボケ及びボタンの古い品種・ユキヤナギなどの株元にたくさん発生したひこばえのうち，親株からできるだけ遠いひこばえを切り取る方法である。

圧条法は，株元から出た長い枝を圧して土に密着させるとともに，そこに土を盛っておき，根が出たら切り離す方法である（根を出させる位置に少し傷をつける。）。

高取り法は，高い位置の枝に傷をつけ（発根させたい位置に幅2～2.5cmの環状剥皮を行う。），そこに湿らした水ゴケをにぎりこぶしくらいの大きさに当て，さらにその上をビニールフィルムで包んで発根させ，根の出た段階で切り離して苗を得る方法である。

(2) 取り木の時期

適期は，落葉樹では萌芽直前に行うが，常緑広葉樹では4月中旬～5月上旬に行えば発根しやすい。カラタネオガタマなどは9月中旬～10月上旬には切り離すことができる（図2－11）。

① 5月中旬に取り木をかけた後9月下旬の発根状態。
② 切り離して水ゴケを取り除いた状態。

左：枝から切り離した状態。
中：包んでいたビニールを取り除く。
右：丁寧に水ゴケを取り除いた状態。
5～6号くらいの鉢に植える。

図2－11　カラタネオガタマの取り木（高取り法）

(3) 取り木後の養生

キョウチクトウのように発根しやすいものなどは，2か月も経つと切り離すことができるが，針葉樹のやや古い枝などでは1年又はそれ以上の月日を要する。

ひこばえの切り離しや圧条法は，植えつけの適期に切り離して，すぐに目的の場所や鉢に植えつけて肥培していく。高取り法は，発根部分の下の位置で切り離し，ビニールを取り除き，水ゴケ部分を水に浸し細かい根を傷めないように水ゴケを取り除いて鉢に植えつける。

庭植えする場合には鉢で2～3年育ててからおろすようにする。

秋に切り離した苗は鉢植え後，冬期は簡単な防寒を施して保護する。

訓練課題名	繁殖（実生法）	材　　料
		種子

まき方

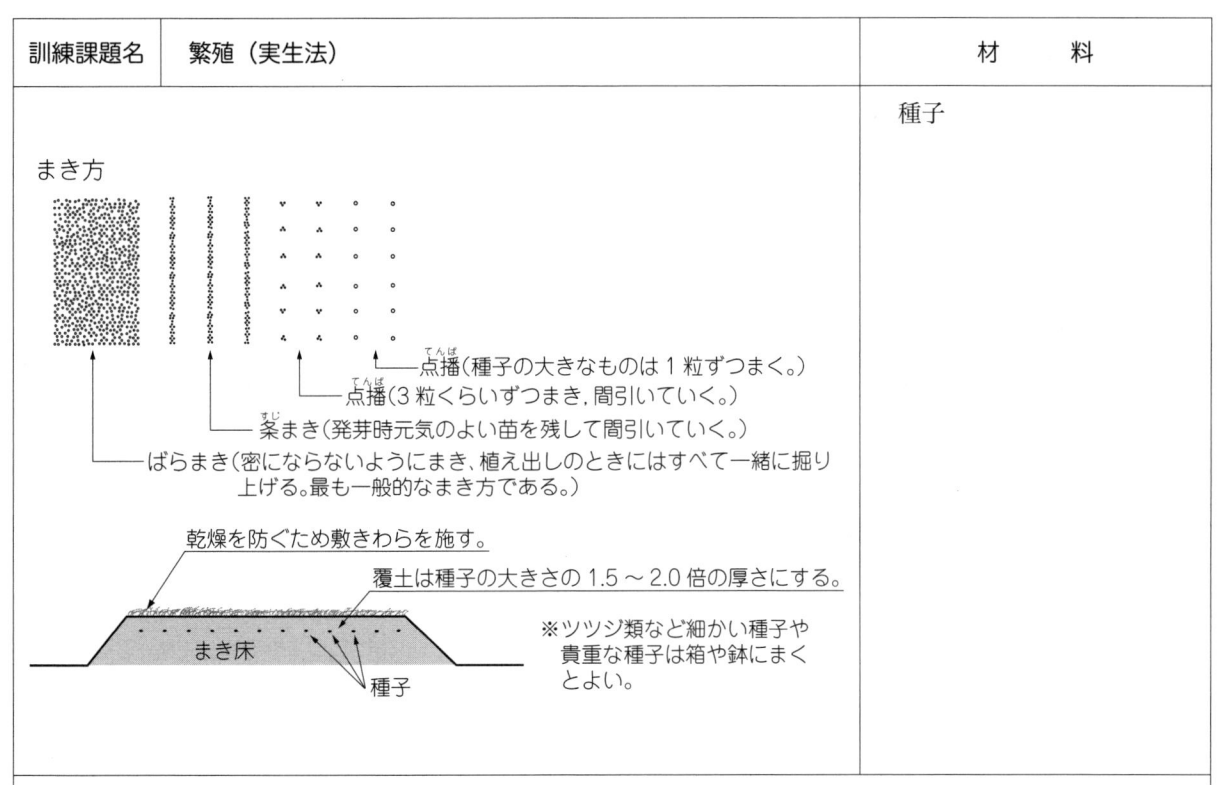

- ばらまき（密にならないようにまき、植え出しのときにはすべて一緒に掘り上げる。最も一般的なまき方である。）
- 条まき（発芽時元気のよい苗を残して間引いていく。）
- 点播（3粒くらいずつまき、間引いていく。）
- 点播（種子の大きなものは1粒ずつまく。）

乾燥を防ぐため敷きわらを施す。
覆土は種子の大きさの1.5～2.0倍の厚さにする。

まき床
種子

※ツツジ類など細かい種子や貴重な種子は箱や鉢にまくとよい。

1．作業概要
実生法は種子をまいて発芽させ苗を得る方法である。

2．作業の準備
(1) 種子の用意
(2) 播種床：浅い木箱・浅いプラスチック箱・浅鉢・まき床（畑や庭）
(3) 用　土：赤土・鹿沼土・腐葉土・川砂・バーミキュライト・水ゴケなど
(4) 道　具：シャベル・レーキ・草かき・ジョウロ・ほうろう引きバット・ふるい・貫板など

3．作業工程
だいたいの作業手順を理解してから課題に取り組む。

種子の採取→種子の調製→播種床の準備→播種（取りまき）→管　理
　　　　　　　↓　　　　　　　　　　　　　　　　　　　　↓
　　　　　　　　　　　　　　　　　　　　　　　　　　後片付け
　　　　　　　　　　　　　　　　　　　　　　　　　　　↑
　　　　　　貯　蔵　→播種床の準備→播種（春まき）　→管　理

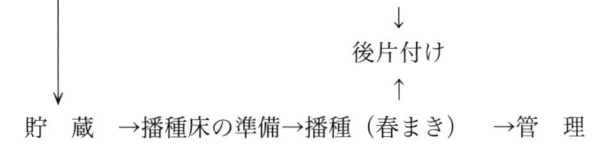

実　　習	関連知識
1．溝掘り (1) 果実はいつまでも木についたままだと完熟し，また小鳥に食べられてしまうので色がついたら早めに採取する。 〔シイ類〕〔サクラ類〕〔ロウバイ〕〔ヤマボウシ〕〔ハナミズキ〕 果実　種子　さや　種子　果実　果実　種子 〔カエデ類〕〔ツツジ類〕〔カリン〕 さや　種子　果実　種子 〔ハナズオウ〕〔ウメモドキ〕 さや　種子　果実　種子 **2．種子の調整** (1) 果皮，果肉はよく取り除き水洗いする。 果実をつぶす。　種子をよく水洗いする。　水気をふきとる。　種子 (2) 春まきは種子を乾かさないように貯蔵しておく。 ● 土中湿層貯蔵法 鉢に種子と川砂を混ぜて埋めておく。 ● ごく少量の場合の貯蔵 冷凍庫／冷蔵庫／野菜庫 種子の保存は野菜庫がよい。 **1．溝掘り**	・ツツジ類，マメ科，アオイ科のものは紙袋に入れて冷暗所につるしておく。 ・その他多くの種子は乾かさないことが大切である。 ・温度が高くなると貯蔵中に発芽し出すので注意する。 ・冷凍庫に入れると逆に乾燥して発芽に支障をきたすので注意する。

実　　習	関連知識

3．播種床の準備

(1) 少量の種子をまく場合や細かい種子をまく場合には，浅箱・浅鉢を用いる。
　　また，大きな種子や多量にまく場合にはまき床とする。

播種箱
（木製やプラスチック製箱）

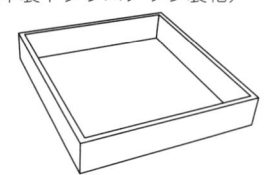

素焼平鉢

まき床

[種子まき用土のつくり方]

① 赤土・腐葉土・鹿沼土は網目5mmくらいのふるいでふるい分け，下に落ちたものを使う。

② 水ゴケはよく乾かした後7～8mm目のふるいの上でもみ，葉の部分のみを使う。

・用土の配合例（決定的なものではない。）

- 赤土単用 — 種子の大きなもの
- 赤土／腐葉土／鹿沼土／バーミキュライト　いずれかを　7：3 — 種子が中程度のもの
- バーミキュライト　5／鹿沼土　5 — 種子が中～細のもの
- 水ゴケ単用　又は水ゴケ　6～5／良質ピートモス　4～5 — ツツジ，シャクナゲ類

4．播　種

(1) 箱まきの方法

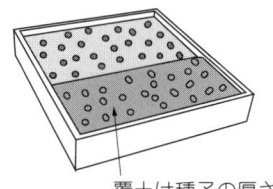

覆土は種子の厚さの1～1.5倍くらいとする。

関連知識：
- 種子の細かいものは覆土しなくてよい。
- あまり密にならないようにまく。
- ナンテンの発芽は8～9月であるから採取後乾かさないように6～7月の播種期まで貯蔵しておくことが大切である。箱まきの場合は灌水後ビニールでくるみ乾かさないようにする。

実　習	関連知識
細かい種子のまき方 細かい種子は古はがきを縦2つ折りにし，その間に種子を入れ軽くたたきながら均等にまく。 箱，鉢まきの場合 覆土しない 底面灌水とする。 (2) 床まきの方法 　スコップ，レーキ，草かきなどを用いて床をつくる。 ① まき床の表面を小さい木板で平らにならす。 ② 種子をまく。 ③ ふるいを使って覆土する。 ④ たっぷり灌水する。 ⑤ 発芽まで敷きわらを施しておく。 5．後片付け (1) 使用した資材の余りは，きれいにまとめて整理する。 (2) 使用した道具類は，泥や付着した汚れなどを水で洗い流し，乾いた布でふいて乾燥させてからしまう。さびやすいところには機械油などを軽く塗っておく。	[播種期] 　採りまき…種子調整後すぐまく方法 　春　ま　き…種子調整後乾かさないようにし，できるだけ低温（5℃くらい）で貯蔵しておき，翌年2月中旬～3月上旬にまく。 ※ただし，6～7月に熟するものの中には播種してすぐに発芽するものもあるが翌年春に発芽するものもある。 [安全] 　シャベル・レーキ・草かきなどで誤ってけがをすることのないよう取り扱いには十分注意する。

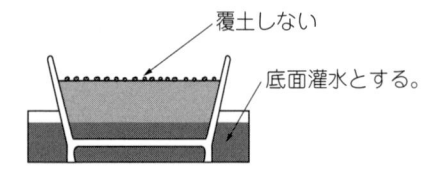

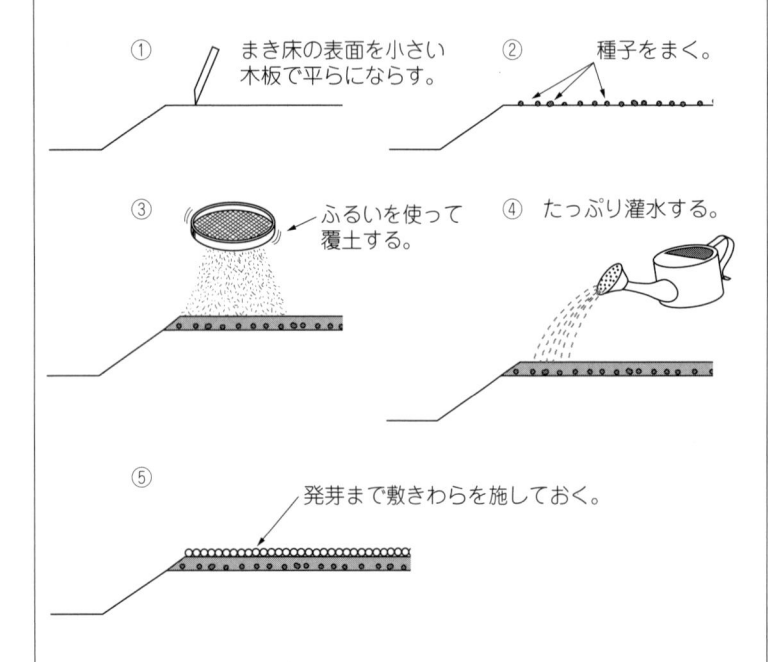

実　習	関連知識
6. 管　理 早まき（2月～3月上旬）の場合は少し保護する。 ガラス板 新聞紙をかける （新聞紙はガラスの上でもよい。） 敷きわらを押えておく。 乾燥を防ぐため敷きわらを施す。	

訓練課題名	繁殖（挿し木法）	材　　料
		枝（挿し穂）

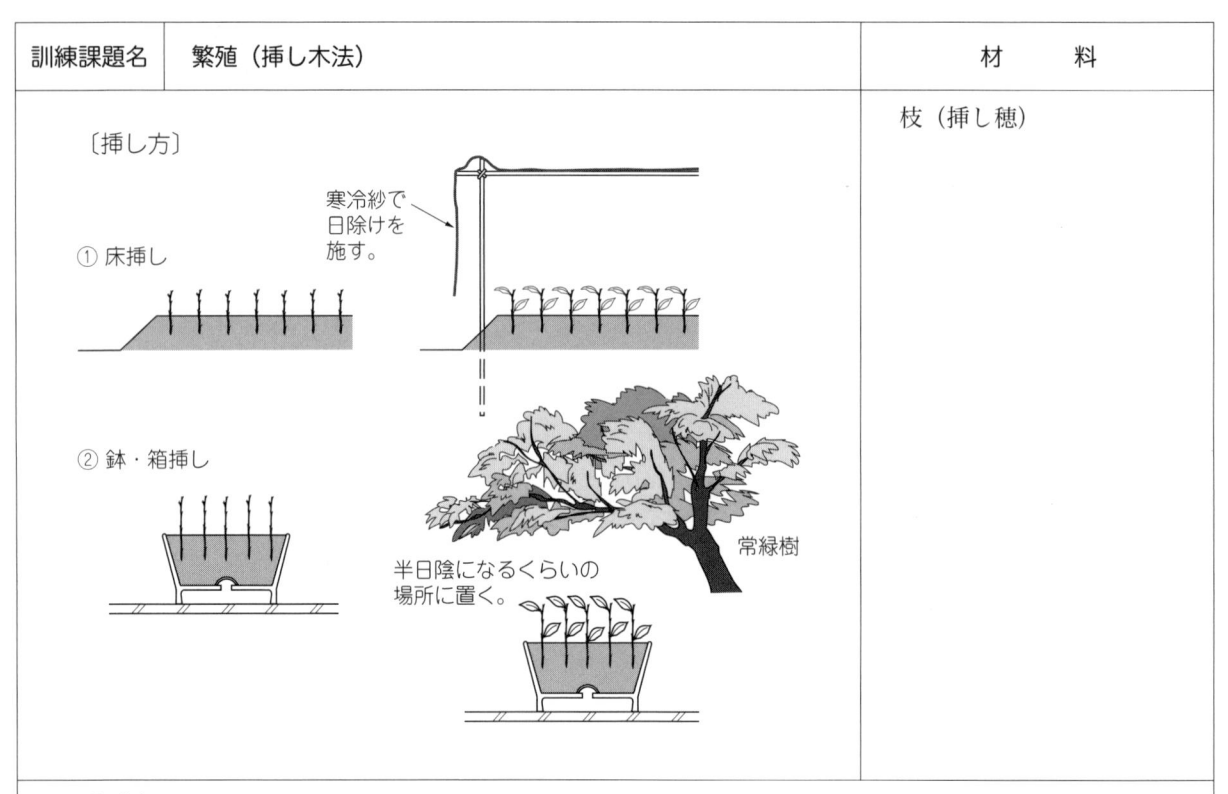

〔挿し方〕
① 床挿し
② 鉢・箱挿し

寒冷紗で日除けを施す。
半日陰になるくらいの場所に置く。
常緑樹

1．作業概要
挿し木法とは親株の一部を切って土に挿して苗をつくる方法である。

2．作業の準備
(1) 挿し穂の用意
(2) 挿し床：浅い木箱・浅いプラスチック箱・駄温鉢*・挿し床（畑や庭）
(3) 用　土：赤土・鹿沼土・川砂など
(4) 道　具：切り出しナイフ・バケツ・ふるい・ジョウロ・発根促進剤など

3．作業工程
だいたいの作業手順を理解してから課題に取り組む。

作業道具，用土などの準備→挿し穂の採取→挿し穂の調整→水揚げ
挿し床の準備→挿し床に挿す
掘り上げ定植 ←‖→ 掘り上げ仮り植え→定植
後片付け

---

*　駄温鉢：一般的な素焼き鉢ではなく，縁に釉薬をかけて素焼鉢より100℃くらい高い温度（800～900℃）で焼いたもの。

実　　習	関連知識

1. 挿し木用土の準備

赤　土：挿し床の場合は細かく砕いてならす。浅箱や浅鉢はふるいにかけた微粒がよいが，10cm以上の厚さのときには小粒の赤玉土がよい。

鹿沼土：挿し床ではそのまま使ってよいが，浅箱や浅鉢ではふるいを通した微粒がよい。

川　砂：使用前にきれいな水で5～6回洗って使用する。

```
    鉢や箱                鉢や箱              挿し床
 赤　土  ┐            赤　土　5            （畑や庭）
 鹿沼土  ├単用で       鹿沼土　5         赤　土 ┐
 川　砂  ┘                                鹿沼土 ├単用
```

2. 挿し穂の採り方

(1) 落葉樹の場合

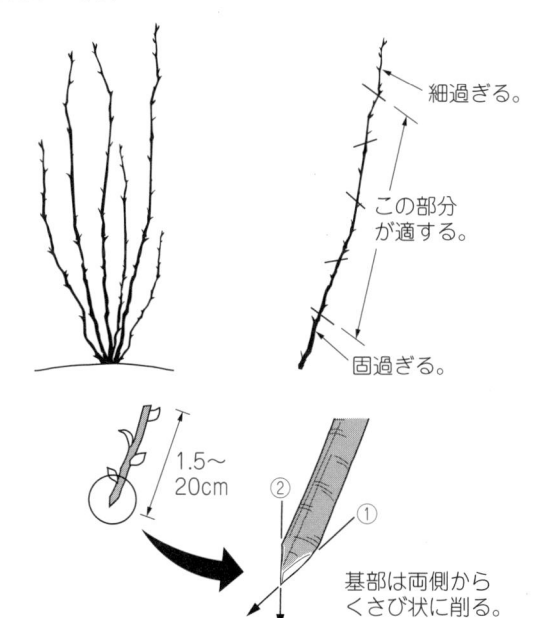

- 細過ぎる。
- この部分が適する。
- 固過ぎる。
- 1.5～20cm
- 基部は両側からくさび状に削る。

・枝の頂部は細くてやわらかく，また基部は固くなり過ぎて適さない。

(2) 常緑樹の場合

- 15cm内外
- 中葉のものは2～3枚残す。 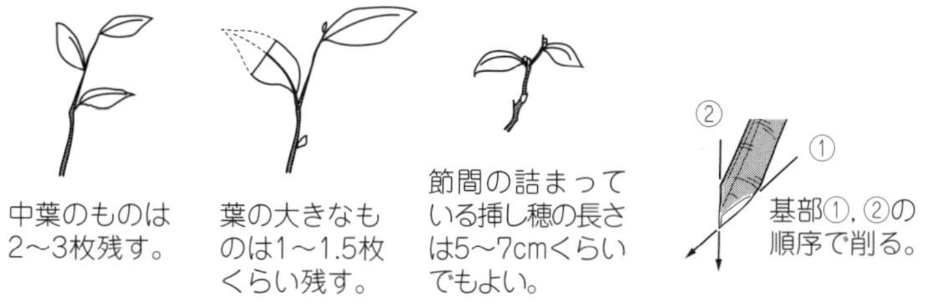
- 葉の大きなものは1～1.5枚くらい残す。
- 節間の詰まっている挿し穂の長さは5～7cmくらいでもよい。
- 基部①，②の順序で削る。

・挿し穂の葉は多いほど発根のためにはよいが，吸水，蒸散のバランスを保つようにする。

・穂木は調整後30分くらい水揚げする。

[安全]
　切り出しナイフは使用時に誤ってけがをすることのないよう取り扱いには十分注意する。

実　習	関連知識
3．挿し方 ① 床挿し 　落葉樹は12〜15cm 　間隔に挿す。 　常緑樹は8〜10cm 　間隔に挿す。 ② 箱挿し　　　　　③ 鉢挿し ・挿木苗 　落葉性低木（2〜3月挿し，1年後の状態。） 　常緑樹（6月下旬〜7月挿し，翌年9月 　（14〜15か月）の状態） 4．後片付け (1)　不要となった枝葉は細かくして土中に深く埋める。 　　使用した資材の余りは，きれいにまとめて整理する。 (2)　使用した道具類は，泥や付着した汚れなどを水で洗い流し，乾いた布でふいて乾燥させてからしまう。さびやすいところには機械油などを塗る。 (3)　刃物類は，研いでから保管する。	・常緑樹の挿し木は温室などがあれば3か月くらいで，発根したらすぐに植え出して肥培すると短月日で苗をつくることができる。 ・落葉樹は2〜3月に掘りあげ，すぐに出荷したり畑に植え出す。 ・常緑広葉樹は翌年9月に掘り上げ仮植えしておき，春に畑や鉢に植える。

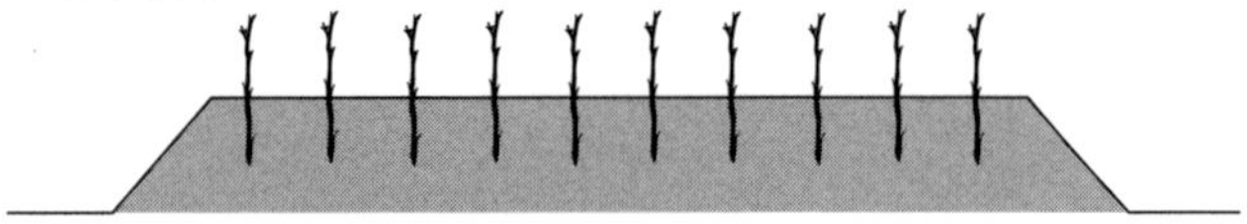

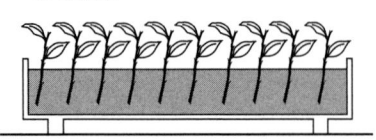

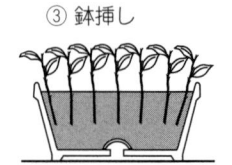

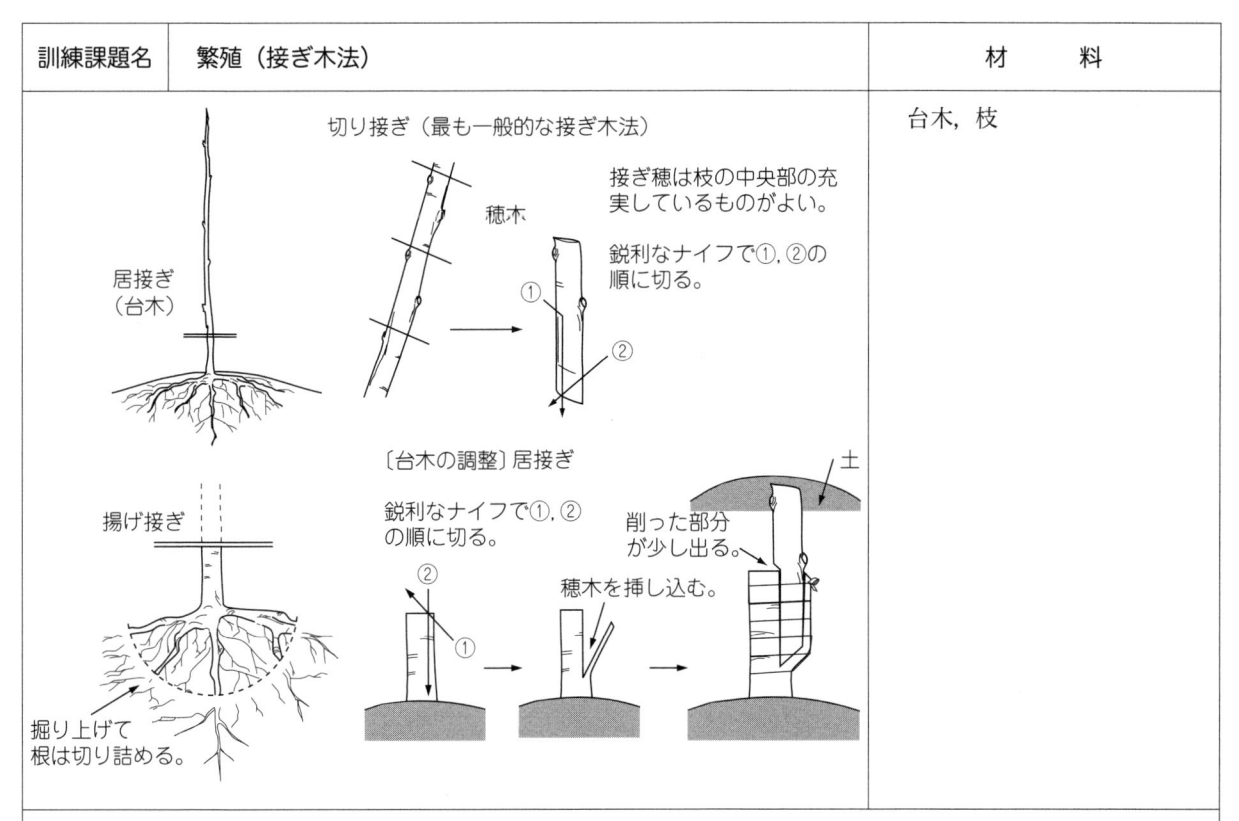

訓練課題名	繁殖（接ぎ木法）	材　　料
		台木，枝

図：切り接ぎ（最も一般的な接ぎ木法）
- 居接ぎ（台木）
- 穂木
- 接ぎ穂は枝の中央部の充実しているものがよい。
- 鋭利なナイフで①，②の順に切る。
- 揚げ接ぎ
- 掘り上げて根は切り詰める。
- 〔台木の調整〕居接ぎ
- 鋭利なナイフで①，②の順に切る。
- 削った部分が少し出る。
- 穂木を挿し込む。
- 土

1．作業概要
　接ぎ木法とは，同種の強健な台木を使い，その台木に目的の品種の枝を接ぎ合わせて，よく伸びる苗木を得る方法である。

2．作業の準備
(1) 台木・穂木の用意
(2) 資材：水ゴケ・ピートモス・発泡スチロール箱（ふた付き）……揚げ接ぎ用など
(3) 道具：切り出しナイフ・剪定ばさみ・木ばさみ・結束用テープ・芽接ぎナイフなど

3．作業工程

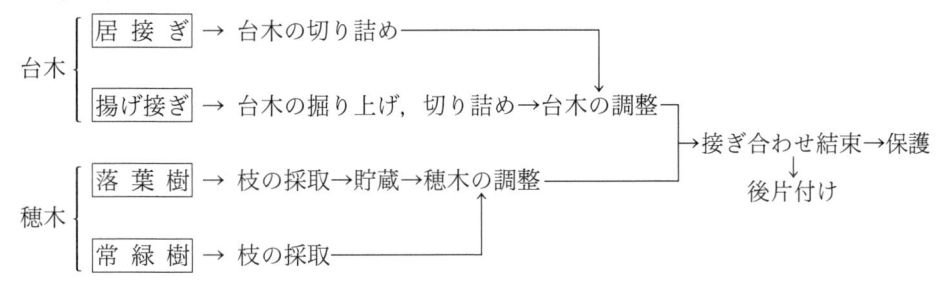

台木 ┬ 居接ぎ → 台木の切り詰め ─────────┐
　　 └ 揚げ接ぎ → 台木の掘り上げ，切り詰め→台木の調整─┤
　　　　　　　　　　　　　　　　　　　　　　　　　　　├→接ぎ合わせ結束→保護
穂木 ┬ 落葉樹 → 枝の採取→貯蔵→穂木の調整─────┤　　　　　↓
　　 └ 常緑樹 → 枝の採取────────────┘　　　後片付け

実　　習	関連知識
1．主な接ぎ木の方法 (1) 切り接ぎ：居接ぎ 台木（実生2〜3年 　　挿木3〜5年） 台木の調整①、②の順に ナイフを入れる。 この部分は削り 落とさないこと。 接ぎ穂は中間部分がよい。 穂は①．②の 順に削る。 接ぎ口が乾かない ように土を盛って おく。 穂木の削った部分 を台木から出すこ とがこつ 結束用テープで しっかり結ぶ。 (2) 割り接ぎ（針葉樹類） 穂木の削り方 穂木 台木 台木の葉で 包んでしばる。	・常緑広葉樹やバラなどは温室などがあれば1月から接ぐことができる。接ぎ穂は採ってすぐに接ぐ。 ・3月中旬以降に接ぐときには穂木は1月に採取し，土中に埋めて貯蔵しておく。 ・台木の形成層に穂木の形成層を合わせるように差し込む。 ・割り接ぎは天接ぎとも呼び，マツ類によく施される。2月下旬〜3月下旬と8月下旬〜9月上旬が適期。 ・シャクナゲは3月中旬〜4月上旬，カエデ類は5〜8月が適期。

実　習	関連知識
(3) 三角接ぎ	・三角接ぎは固い枝のもの，台木・穂木ともに細い場合接ぎやすい。この方法は接ぎ口がきれいにあがるのが特徴。
(4) 腹接ぎ ［マツ類などの針葉樹に施す場合］ ＜台木のつくり方＞　＜穂木のつくり方＞ 台木にナイフで切り込む。　①、②の順に削る。	・腹接ぎは元接ぎとも呼び，マツ類・モミ・トウヒ類など針葉樹に利用される。2月下旬～3月下旬が適期。
［ハナミズキ，ヤブツバキなどに施す場合］ ＜台木のつくり方＞　＜穂木のつくり方＞ 台木　　　台木　穂木 結束テープでしっかり結ぶ。	・ハナミズキやかんきつ類は特に良い結果が得られる。ヤブツバキは葉をつけないと活着しない。葉を枝に巻きビニールテープで巻き包む。8月中旬～9月中旬が適期。
(5) 芽接ぎ ＜台木のつくり方＞　＜芽の採り方＞ ナイフでT字型に切り込みを入れる。　皮をはぐ。　皮の間に芽をしっかりはめこむ。　結束テープでしっかり結ぶ。	・芽接ぎは多くのものに利用されている。モクレン類・バラ・サクラ・モモなどはほとんどこの方法による。9月上旬～10月上旬が適期。

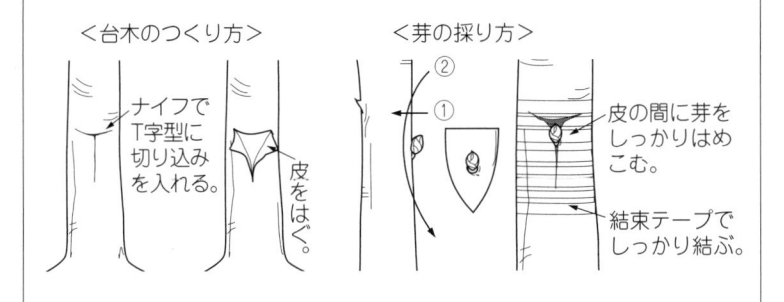

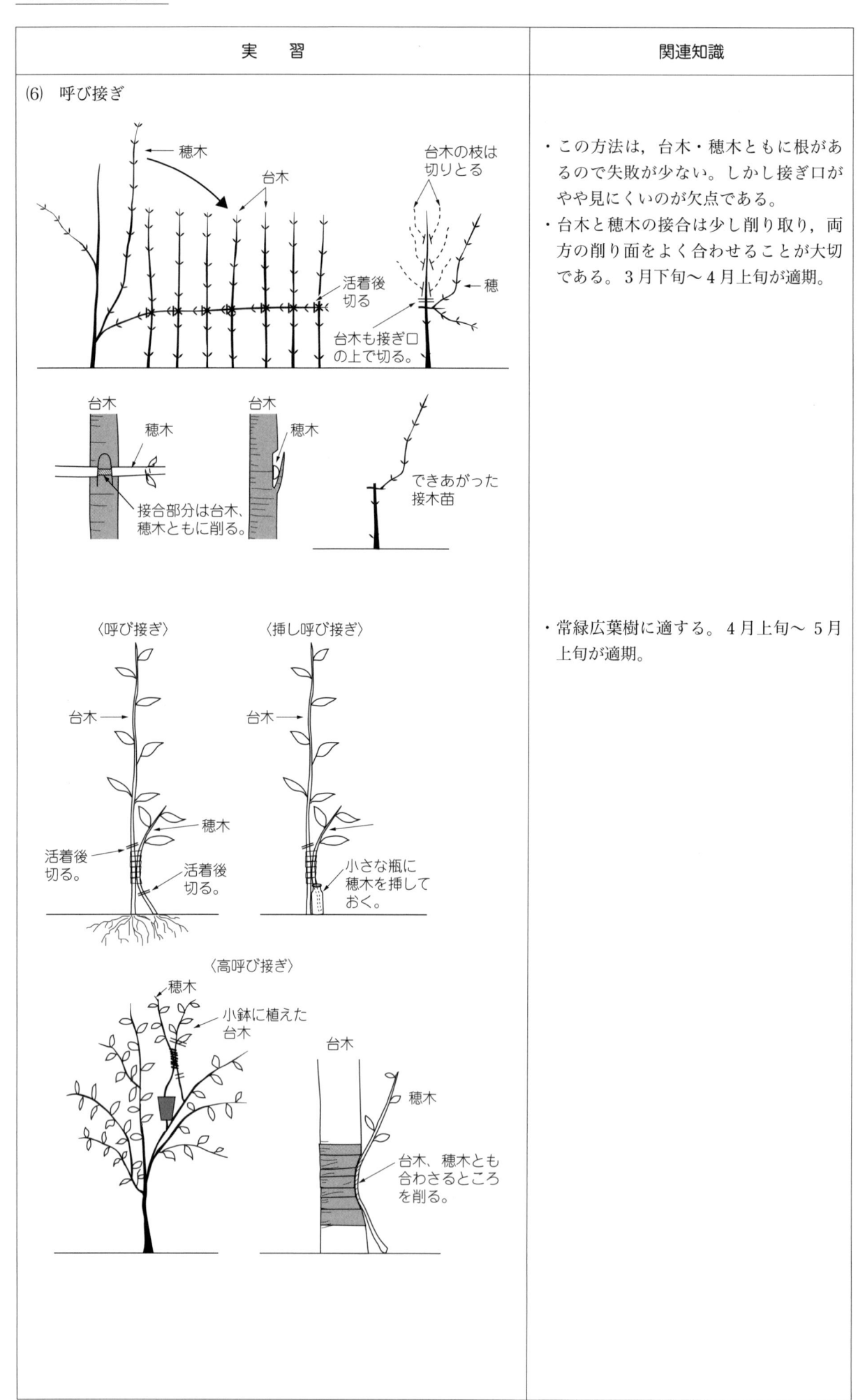

実　習	関連知識
(6) 呼び接ぎ 〔図：呼び接ぎの手順〕 穂木／台木／活着後切る／台木の枝は切りとる／穂／台木も接ぎ口の上で切る。 台木／穂木／接合部分は台木、穂木ともに削る。／できあがった接木苗 〈呼び接ぎ〉〈挿し呼び接ぎ〉 台木／穂木／活着後切る。／小さな瓶に穂木を挿しておく。 〈高呼び接ぎ〉 穂木／小鉢に植えた台木／台木／穂木／台木、穂木とも合わさるところを削る。	・この方法は，台木・穂木ともに根があるので失敗が少ない。しかし接ぎ口がやや見にくいのが欠点である。 ・台木と穂木の接合は少し削り取り，両方の削り面をよく合わせることが大切である。3月下旬〜4月上旬が適期。 ・常緑広葉樹に適する。4月上旬〜5月上旬が適期。

実　習	関連知識
2．後片付け (1) 不要となった枝葉は細かくして土中に深く埋める。 　　使用した資材の余りは、きれいにまとめて整理する。 (2) 使用した道具類は、泥や付着した汚れなどを水で洗い流し、乾いた布でふいて乾燥させてからしまう。さびやすいところには機械油などを塗る。 (3) 刃物類は、研いでから保管する。 3．接ぎ木の管理 (1) 揚げ接ぎは台木を掘り上げて接ぎ床に植えて育てる。 （図：ビニールハウスや温室。無加温の場合は内側に小さいトンネルをつくって保護する。接ぎ木苗） (2) 居接ぎは台木を畑に植えたままで接ぐ。 　　接ぎ木後穂木の頂部が少し見えるくらいに土を盛って保護する。 （図：土を盛る。）	[安全] 　切り出しナイフ、剪定ばさみ（芽接ぎのときのみ使用）の使用時に誤ってけがをすることのないよう取り扱いには十分注意する。 ・切り接ぎや腹接ぎ（元接ぎ）、割り接ぎなどは接ぎ木後の管理（温度、湿度）が大切である。 ・接合部分はしっかり結ぶこと、無理に強く結ばなくてもよい。 ・接ぎ木後は接ぎ口に水を絶対にかけないことが大切である。 ・トンネルに直射日光が当たると高温になるため、寒冷紗などで被膜しておく。 ・接ぎ木後、台木から新芽が発生したら早めに除去する。 ・接ぎ木後、穂木の芽が展葉してきたら、トンネルのビニールシートを少しずつ開いて、外気を取り入れると病気にかかりにくい。

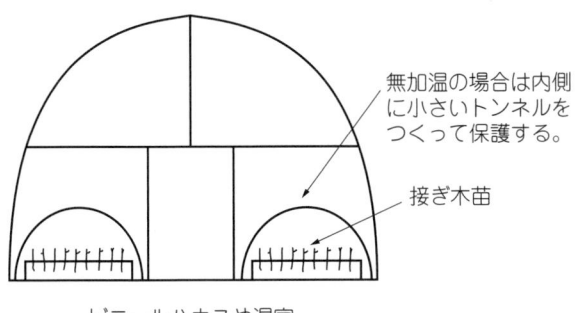

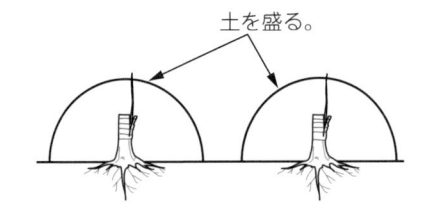

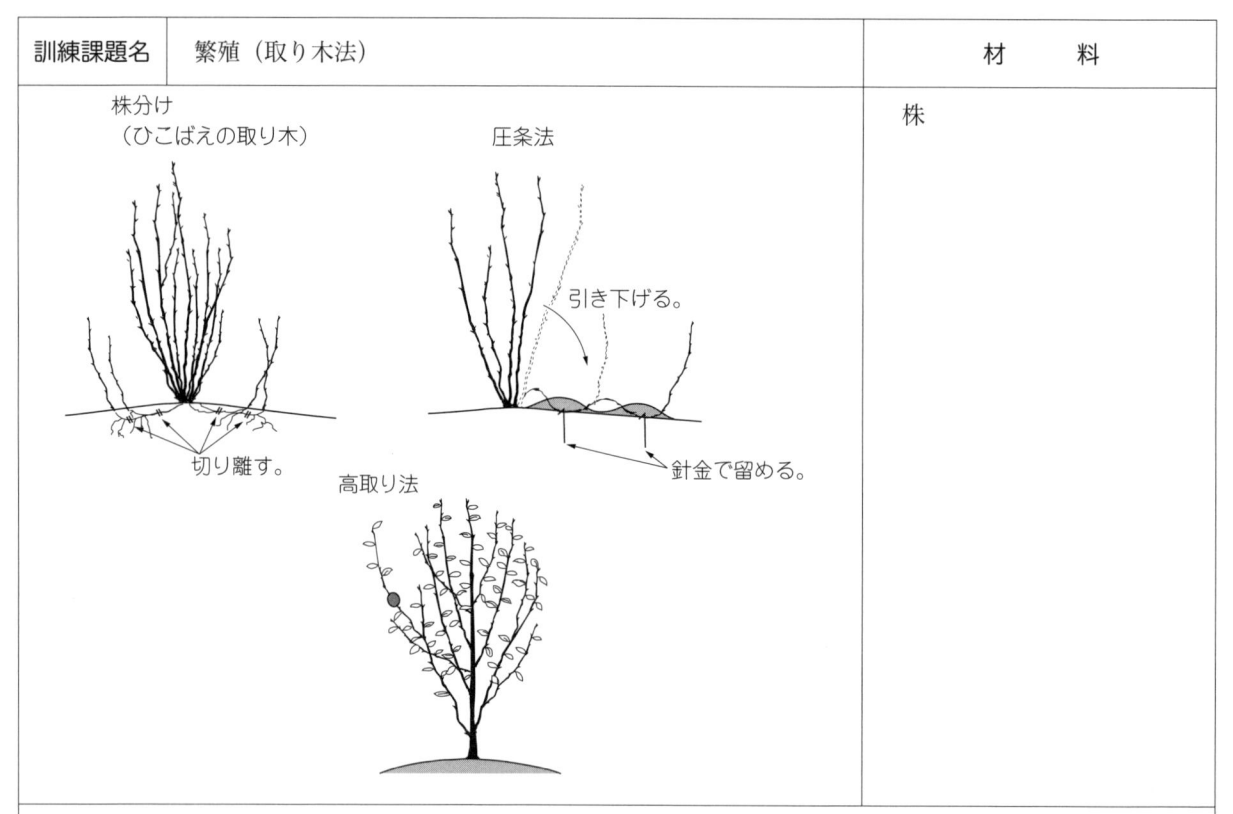

訓練課題名	繁殖（取り木法）	材　　料
	株分け（ひこばえの取り木）　／　圧条法　　引き下げる。　　針金で留める。　／　高取り法　　切り離す。	株

1. 作業概要

取り木法は親株の根もとから出たひこばえや枝の一部に傷をつけ，そこから根を出させて切り離して1つの植物体をつくる方法である。失敗はほとんどないが，できる苗木の数はごくわずかである。しかし親株と全く同じもので大きな苗を得ることができる。

2. 作業の準備

(1) 親株の用意
(2) 用土：赤玉土・バーミキュライト・水ゴケなど
(3) 道具：ビニールシート・切り出しナイフ・ふるい・ジョウロ・ひも・針金など

3. 作業工程

だいたいの作業手順を理解してから取り組む。

　　ひこばえによる取り木：根元に土を盛る→後片づけ ──────────┐
　　　　　　　　　　　　　　　　　　　　　　　　　　　　　　　　　│
　　圧　条　法：地際の枝を引き下げて固定し土を盛る→後片付け→発根したら切り離す
　　　　　　　　　　　　　　　　　　　　　　　　　　　　　　　↑
　　高取り法：枝の一部を環状剥皮する→湿した水ゴケを当て→後片付け ─┘
　　　　　　　　　　　　　　ビニールで包む　　　　　　　　　後片付け

実　習	関連知識
1．取り木法 (1) 株分け（ひこばえの取り木） 根の出ているひこばえを切り取る。 切り離す。 切り取った苗 (2) 圧条法 発根後切り離す。 引き下げる。 ナイフで切り込みを入れ傷をつける。 土を盛る。　針金で留める。 できた苗	・十分に発根してから切り離す。落葉樹は2～3月，11～12月が適期。常緑広葉樹は4～5月上旬，9月が適期。 ＊叢生している株を掘り上げ，根の出ている枝条を1～2条ずつ切り分けることを「株分け」と呼んでいる。 ・圧条枝はしっかり固定する。 ・十分に発根してから切り離す。 ・3～4月（切り離しは11～12月，2～3月）が適期。
実　習	関連知識

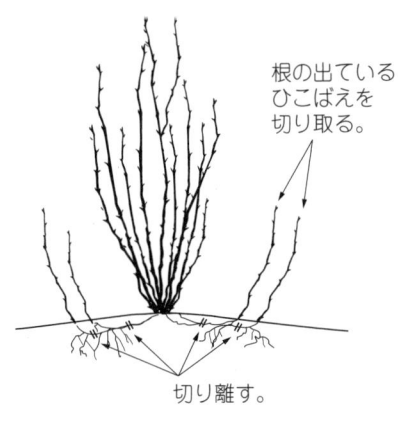

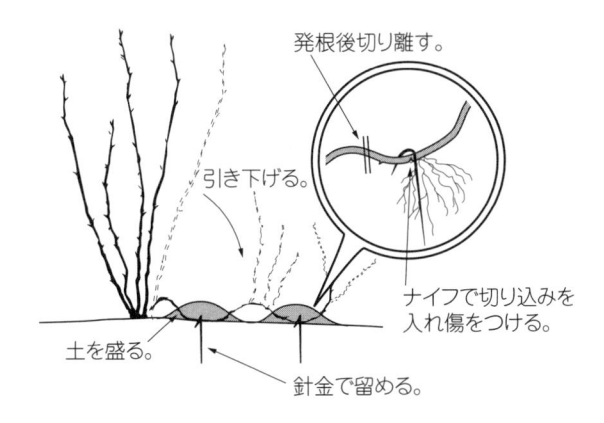

実　習	関連知識
(3) 高取り法 取り木をかける。 ① 環状剥皮する。　2〜2.5cm ② 湿った水ゴケで包む。その上からビニールシートで包み水ゴケの乾燥を防ぐ。 ③ 発根した苗　水ゴケは丁寧に取り除く。 ④ 高取り苗は鉢に植えて育てる。 **2．後片付け** (1) 不要となった枝葉は細かくして土中に深く埋める。 　　使用した資材の余りは，きれいにまとめて整理する。 (2) 使用した道具類は，泥や付着した汚れなどを水で洗い流し，乾いた布でふいて乾燥させてからしまう。さびやすいところには機械油などを塗る。 (3) 刃物類は，研いでから保管する。	・環状剥皮は内皮（あま皮とも呼ぶ）まできれいにはぎ取る。 ・発根した根は光を求めて表面に現れてくるので根が十分出てから切り離す。 ・切り離した苗は水ゴケが根に絡みついているので，根を半日くらい水を浸しておき，丁寧に取り除く。 ・鉢に植えるときに小枝や葉を間引いてバランスを保つ。 ・4〜5月（切り離しは9〜10月上旬又は翌年の3〜5月）が適期。 ［安全］ 切り出しナイフ，針金は使用時に誤ってけがをすることのないよう取り扱いには十分注意する。

第2節 育　　苗

　実生・挿し木・接ぎ木・取り木などによって増やした苗木をどう育てていくかということは，良い商品を得るために大切なことである。例えば挿し木の場合，畑の挿し床による苗づくり，ミストハウスを使った苗づくりでは，その後の管理がおのずから異なってくる。

　畑の挿し床を使った場合は，畝間や株間をとって植え広げる。現在ではほとんどがコンテナ育苗になっているのでハウスの床挿しは，『挿し床→慣らし床（小さなコンテナ植え）→戸外へ』の順で移し，徐々に戸外に慣らしていくようにする。

　このように，『挿し床→ハウス内へ第1回の植え替え→戸外』となると，ハウス内でも露地挿しでも挿し床の5倍くらいの広さを必要とし，次の定植には慣らし床の20～30倍の畑が必要になってくる。ここでは，畑育苗とコンテナ栽培の方法について述べる。

　図2－12及び図2－13に育苗床の例を示す。

図2－12　セイヨウシャクナゲの育苗床　　　　　図2－13　サツキツツジの挿し木育苗床

2．1　畑　育　苗

　我が国の畑の土壌は，古い時代に続いた火山の噴火によりその都度降った火山灰が長い年月にわたって堆積したもので，このような土を「洪積層」と呼んでいるが，一般的には「ローム層」と呼ぶ。このローム層の表面には草が生えては枯れ，落葉が堆積，分解され腐植が生成される。腐植が表層土に混じって黒褐色をしている表層部分（場所によってその厚さは異なるが，30～60cmくらい見られる）を「黒土」「黒ボク」などと呼んでいる。台地部分はこの土質が多く，ほとんどの樹木の育苗に適している。

　大きな河川の流域，特に荒川や利根川流域には粒子の細かい粘質の土壌が見られる。昔は河川の堤防もあまり整備されていなかったため，大雨のたびに流れを変えながら低い地帯に土砂が運搬され堆積した。この堆積し生成された堆積層を「沖積層」と呼ぶ。また，このような地域から採れる土壌を「荒木田土」とも呼んでいる。この土は粒子が非常に細かいことから，保水力・保肥力は高いが排水が悪く，ツツジ類のように細根性のものや排水の悪いところを著し

く嫌うジンチョウゲなどの育苗には適さない。

しかし，アラカシ・クスノキ・ケヤキ・サクラ類・シラカシ・スダジイ・プラタナスなどの高木類の育苗はこのような土質でも十分可能である。

その他，砂質壌土や花崗岩（かこうがん）が風化したような土質など地域によって洪積層や沖積層とは異なった土質のところも見られる。このような地域では栽培樹種が限られるが，土壌改良材を使用することによりほとんどの樹種の育苗が可能である。

いずれにしても，多樹種大量育苗には洪積層地帯が最も適している。

2．2　コンテナ（鉢）栽培

特殊な樹種を鉢で仕立てるということは昔から行われていたが，ほとんどの緑化樹木をコンテナで育苗するのは40年ぐらい前から始まってきた。

鉢栽培の先進国であるアメリカではオイル缶を使用したのが始まりであり，わざわざ栽培用にオイル缶が作られたことから「ガロン缶栽培」（ガロンはヤード・ポンド法の容積の単位でアメリカでは3.785ℓ，イギリスでは4.546ℓと異なる。）と呼ばれている。価格の認定は，我が国では樹高や枝張りで価格が定められているが，アメリカでは「○○ガロンツツジ・タイサンボクの何ガロン物」というような缶の大きさによっている。我が国でもいろいろな緑化樹苗が「○号ポットもの」と鉢の大きさで表示されている。径6 cm（2号），7.5cm（2.5号），9 cm（3号）といった小さな鉢栽培もコンテナ栽培と呼んでいる。

　a．コンテナ育苗の利点
　① その土地の土質に関係なく，すべてのものが栽培可能である。
　② これまでのように畑への仮り植えや植えひろげの都度，何％かの枯損を生じるということがない。
　③ 「常緑樹だから」「落葉樹だから」などと適期にとらわれることなく，いつでも鉢替えのできる点が床植えに比べ大きな利点といえる。
　④ 出荷に際する掘り取りも「根回し」や技術を要する「根巻き」を行う必要がない。
　⑤ 機械化の導入も可能である。

　b．コンテナ育苗の欠点
　① コンテナ育苗は，育苗床に比べ灌水や倒木防止など最後まで手を抜けない。
　② 一定期間以上ポット栽培をしていると，根がルーピング*を発生し商品価値が低下するため，根の調整や鉢替えを要する。

---

*　ルーピング：コンテナ栽培中に根が内壁に当たって何重にも回ってしまうこと。移植後の生育が悪くなる。

第3節　施　　　肥

「生物」に食べ物は不可欠といえ，動物には食料が，植物には肥料が与えられる。

動作ができる動物は多く与えれば残し，食べ過ぎれば体型に現れるなど見て分かる。しかし，植物の場合は，その状態が少し時を経て現れてくるため，その管理は大変なことといえよう。多く与え過ぎても害となり，少なくても生育を遅らせるなど，特に小さい苗については肥料は大きな影響を及ぼす。

植物は，動物のように毎日栄養分を摂取しなくてもよいと考えられがちである。多くの植物は春から秋までの成長期には毎日肥料を必要とはしているものの，その量はごくわずかである。その必要な要素は土の中や空気中，水などに含まれているもので十分ともいえる。しかし，春に芽が出るときなどはやや多めに必要とすることがあるので，いつごろどのような要素をどれくらい必要とするかを見定めて肥料を施すことが大切である。

3．1　施肥の目的

一般に家庭の庭木は，新たに肥料を施さなくても毎年枝葉を伸ばし繁っている。これは自然界における"物質循環"によるものである（図2－14）。

植物は根から水分や栄養分を吸収し，葉や茎は日光を受け二酸化炭素を吸収して生育することはすでに周知のことである。

肥料を新たに施さなくても，樹木はある一定の時期になると葉や枯れ枝を落とし，小昆虫の死骸などの有機物が土中の微生物によって分解される。その後，植物の生育に必要な栄養分となって根から吸収される。しかし，この物質循環は人為的な環境では必ずしも機能が十分働いているとはいえない。落ち葉や枯れ枝，枯れ草はきれいに取り除かれ，別の場所で処分されてしまう。

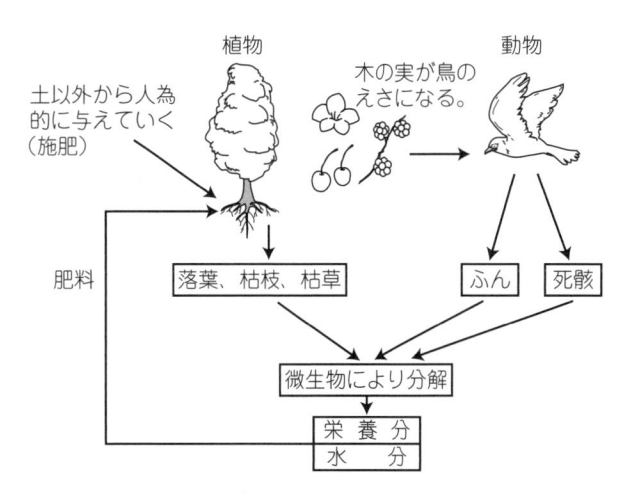

このように管理が行き届いた環境では不足する養分が当然出てくるし，鉢やプランターではなおさらのことである。

高山の砂礫に咲くコマクサなどの高山植物はいつも強い風に吹かれており，秋に枯れた茎葉部の多くは風に吹き飛ばされてしまっても，ごくわずかな茎葉などの有機物が腐熟してわずかな栄養分になって毎年美しい花を咲かせている。

このように生育に必要な最少限の栄養分は物質循環によって供給されている。よりよい成長

を望むためには、さらに人為的に肥料を施す必要がある。肥料は多く与えればよいというものではなく、必要な時期に必要な質と量を与えていくことが重要である。

3．2 肥料の種類

人や他の動物が毎日食事をするように、植物も成長するために水や栄養分を吸収し、日光によって光合成を行っている。栽培植物の場合、栄養分を肥料として与えていかなくてはならない。

植物体は90％が水分である。残り10％のうちそのほとんどの約9.5％強が酸素、水素、炭素で占められており、残り0.5％弱が多数の微量要素によって構成されている。

植物体を構成し生育に必要な元素は約16成分といわれている（表2－1）。その多くは物質循環によって生じるものや雨水、空気中などに含まれているもので賄える。しかし、必要量の多いものについては自然界から得られる量では賄えず、植物は正常な生育ができない。

表2－1　植物体を構成する16元素

自然界から簡単に多く取れるもの	補給成分		
	生育上最も多く必要とする成分	やや多く必要とする成分	微量要素
酸素（O） 水素（H） 炭素（C） 水（H₂O） 炭酸ガス	チッ素（N） リン酸（P） カリ（K）	カルシウム（Ca） マグネシウム（Mg） 硫黄（S）	鉄（F） マンガン（Mn） ホウ素（B） 亜鉛（Zn） モリブデン（Mo） 銅（Cu） 塩素（Cl）

肥料の3要素　チッ素(N)，リン酸(P)，カリ(K)
肥料の5要素　チッ素(N)，リン酸(P)，カリ(K)，カルシウム(Ca)，マグネシウム(Mg)
肥料微量要素　酸素(O)，水素(H)，炭素(C)，
　　　　　　　硫黄(S)，鉄(F)，マンガン(Mn)，
　　　　　　　ホウ素(B)，亜鉛(Zn)，モリブデン(Mo)，
　　　　　　　銅(Cu)，塩素(Cl)，など

そこで、不足する養分を補給しなければならない。なかでもチッ素（N）はタンパク質や葉緑素をつくり葉や茎を育てるのに欠かせないことから「葉肥（はごえ）」ともいう。

リン酸（P）は、植物の細胞を構成し花や果実をより美しく大きく、おいしいものをつくる働きをすることから「実肥（みごえ）」ともいう。

カリ（K）は、根の発育を促し植物の生理作用を円滑に行う働きをし、病気や寒さに対する抵抗力をつける役目をすることから「根肥（ねごえ）」ともいう。

これら3つの要素が適切に供給されると植物は理想的な生育をする（図2－15）。

カルシウム（Ca）は、土の中で酸度（pH）を中和し、植物体内では細胞と細胞の結びつきを強くし、根が正常に働ける役目をする。

図2－15　窒素，リン酸，カリの働き

マグネシウム（Mg）は，植物の生育にかかせない光合成をする葉緑体の構成成分として欠くことのできない働きをするとともにリン酸の働きを助ける。カルシウムとマグネシウムは植物のどこを育てるというものではなく，前述のN・P・Kが効率よく働くことができるよう補佐するわけである。その他の微量要素も単一では大きな働きが見られないまでも，相乗的な効果が得られることから，いろいろな成分を含む肥料を施すことが大切である。

また，肥料には，施してすぐに効くが持続性のない「速効性肥料」，施してから長期（約2～3か月）にわたって効く「緩効性肥料」，施してしばらくしてから徐々に効き出し長い間効いていく「遅効性肥料」など効き方で分けられる（表2-2）。さらに形状から「固形肥料」・「粒状肥料」・「粉末肥料」・「液体肥料」などに分けることができる。

表2-2 肥料と持続時間

肥料＼持続期間	1か月	2か月	3か月
速効性肥料	○		
緩効性肥料	○————————		
遅効性肥料	○ ————————		

表2-3 肥料の5要素の働きと与え方

肥料成分	主な役目	多過ぎた場合	不足の場合	与え方
チッ素（N）	植物のタンパク質や葉緑素をつくる役目をする。葉の色を濃くし，葉を大きく，茎を太く高くする。	葉色が濃くなり過ぎ，徒長し，組織が軟弱で病気にもかかりやすくなり，花つきが悪くなる。	葉色が淡黄になり，葉が小さくなる。また，茎が太く高くならない。果実の肥大も阻害される。	不足しないように注意し，灌水や雨水で流亡しやすいので，その都度施肥して，必要量を維持する。
リン（P）	細胞分裂を盛んにする役目があり，根，茎の分岐や葉数が多くなる。また花や果実が多くなる。	鉄，アルミニウム，カルシウムなどと化合して土中に残りやすく，やり過ぎの害はあまりない。	根・茎の分岐が悪く，葉数や花，果実の数も少なくなる。	酸性土壌を改良し，堆肥などの腐植質と一緒に施す。基肥として与える。
カリ（K）	糖やデンプン，タンパク質をつくり，それを移動させたり蓄積する役目をする。	石灰や苦土の吸収を妨げる。	茎の高さが低くなり，葉の幅が狭くなり，暗緑色になったり，ひどいと落葉する。茎や根，花も貧弱になる。	植物が活動を始めて，新芽が伸びる頃は特に必要。また生育末期にも吸収が増す。基肥として与えるが，吸収量が比較的多いので，追肥が必要なこともある。
カルシウム（Ca）	チッ素（硝酸態チッ素）の吸収を助けたり，カリ，マグネシウムの吸収を調整する。	左のような作用が妨げられる。	若葉が黄白色になり，ひどいときは枯れる。	石灰は灌水，雨水で流亡しやすく，また肥料としての役目以外に酸性土壌の中和や土壌の団粒化を促す。植付け前に土壌に十分混ぜる。
マグネシウム（Mg）	葉緑素をつくるのにかかせない。		古い葉の葉緑素が不足して，褐色になる。ひどいときは落葉することもある。	普通は土壌中に自然に含まれている量で足りる。

〔出所〕厚生労働省職業能力開発局能力評価課監修『造園施工必携』（社）日本造園組合連合会

3．3　肥料はいつ必要か

(1) 元　肥

肥料はその使い方によっていろいろな呼び名がある。植物を植えるとき，堆肥や油粕，鶏ふんなどを植え穴に入れ，その上に土を戻して植えつけるが，このときに入れる肥料を「元肥」

という。この元肥は，植えつけ後根の活動が始まると最初に利用されるもので普通の畑土でも施すことが理想であるが，多量に植えつける場合は，ほとんど施されていない。図2-16に元肥の施し方を示す。

図2-16　元肥の施し方（植えつけ時）

(2) 追肥（又は追肥）

元肥に比べてさらに肥効の早いものを使い，「寒肥」「芽出し肥」「お礼肥」と目的によって呼び方を使い分けている。

a．寒肥

植物が最も休眠状態にある厳寒期（12月末〜1月）に施す。このころは多少根を切られても生育にはほとんど影響なく，根を切って細根の更新を図ること，また細根の発生する部分の土を改良することも目的としている（図2-17）。

b．芽出し肥

萌芽の1か月前くらいに施すもので，2〜3月上旬は植物全般に，5月末〜6月中旬は主に葉や樹形を楽しむマツ類・イヌマキ・モチノキ・カシ類などに施される（図2-18）。

粒状化成肥料のような緩効性のものがよい。

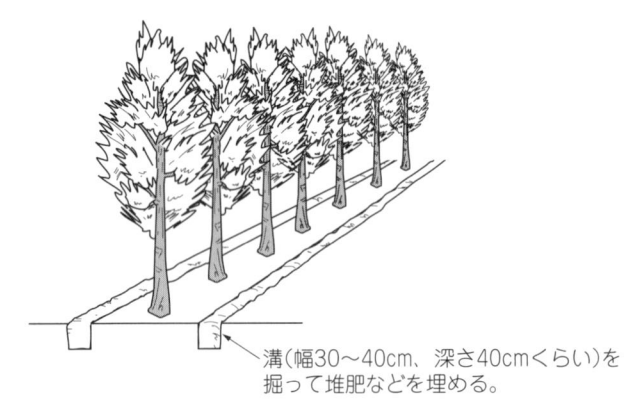

図2-17　寒肥（堆肥）の施し方

図2-18　追肥（芽出し肥・お礼肥）の施し方

c．お礼肥

リン酸やカリ成分をやや多めに含む肥料を施す。粒状化成肥料のような緩効性のものが適する。

3．4　施肥の量

苗木をはじめ樹木の育成のためには適切な量を施すことが理想的であるが，土質によってかなり異なってくる。

① 元肥や寒肥として与える堆肥や腐葉土・一度発酵させた鶏ふん・油粕などは量の多少はあっても肥料による害はない。

② 緩効性の粒状化成肥料も多量の肥料が根に直接触れるようなことがない限り，それほど量に対しては問題ない。

③　1本又は1株当たり20～50g，実生床などでは1m²当たり20～30g程度でよい。目通り周り30cm（幹の直径10cm）以上の大きなものになると，1本当たり100～500gくらいの施肥量が必要になってくる。

④　追肥の中で芽出し肥とお礼肥では，芽出し肥を10とした場合，お礼肥は5～6くらいの割合の量を考えておけばよい。

⑤　このほか敷きわらによる根元の保護も大切である。この敷きわらは，夏期の根元の地温の上昇防止，冬期の凍上*の防止，雑草の発生の予防，有機質による土壌改良など，大きな効果がある。

⑥　近年，普及している剪定枝葉のチップを根元に敷くのも効果があるが，この場合はチップに油粕や鶏ふんを少し混ぜるとさらに効果的である。

　理想的にはコンポストにしてから使うとよい。

3．5　施肥の方法

　樹木生産の場合，一般的には比較的短い年月で掘り上げられることから，改まった施肥の方法はなく表面施肥を行っている。この場合肥料の粒の大きさに関係なく，必要量を株の根元周囲に"置き肥"状に施す（図2－19）。

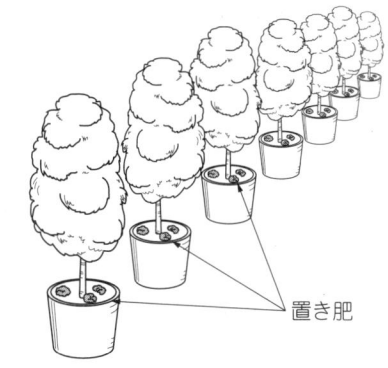

図2－19　施肥の方法

第4節　灌　　水

　植物の生育に「水」は不可欠なものである。幸いなことに我が国は雨が多く，欧米に比べ水管理は容易といえる。しかし近年，著しい普及が見られるコンテナ栽培では，限られた土量の中で生育するということから，この灌水施設は不可欠である。ここではコンテナ栽培での水管理について述べる。

4．1　用土と水

　用土と水の関係は，植物の生育にも大きなかかわりを持っている。

(1)　単体土の水はけ

　土の粒子の細かい粘質の荒木田土は，非常に保水力が高いので灌水量は少なくてよい。

　しかし，これは裏を返せば水はけが悪く，ややもすれば過湿によって根腐れを起こしやすい。

　赤土や洪積層地帯の表土である黒土の部分でも単体（荒木田土，赤土，黒土などの各1種）で使用した場合は，どの土でも水はけは悪いと考えてよい。

---

*　凍　上：軽いローム質層（黒土の部分）が冬期の寒さにより，土の表面が凍って盛り上がってしまうこと。

（2） 土の三相

　土壌は大小の土の粒子が混じり合っていて，その土の粒子の隔間に適度の水分と空気が含まれている。この土の粒子（固相）・水分（液相）・空気（気相）を「土の三相」といい，これらが等分くらいに含まれているのが植物の生育に適した土である（図2－20）。

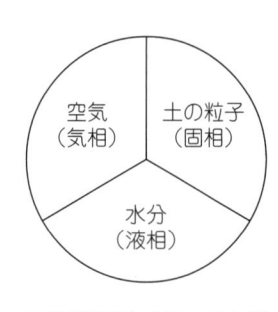

① 荒木田土は固相35％・液相50％・気相15％くらいで通気性の悪い土といえる。

② 腐葉土は，固相10％強・液相35％・気相55％くらいであり，単体では固相が少なく植物が立っていられない状態の土である。

三相が3等分くらいの土が樹木の生育に最も適する。

図2－20　土の三相

（3） 植物の生育に適した土

　植物体をしっかり固定し，水分を適度に含む保水性があり，根の呼吸に必要な空気の出入りが容易に行える通気性があり，さらに養分を蓄えておく保肥力がある土，このような土が植物の生育に適した土である。

（4） 基本となる土

　基本となる土は，赤土や黒土のほか身近にある畑土を用いる。これに堆肥・培養土・バーミキュライト・パーライト・ゼオライトなどを混ぜたものがよい。混合についてはコンテナの大きさによって異なり，赤土と堆肥の割合は7：3～6：4くらいの混合が最も一般的な培養土といえる（図2－21）。

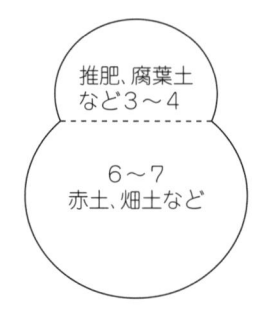

堆肥，腐葉土など3～4

6～7
赤土，畑土など

図2－21　用　土

4．2　容器（コンテナ）と灌水

（1） 容　　器

　多量に栽培する場合は，軽くて扱いやすいビニールポットやプラスチック製の鉢が使われている。今では直径90cmのプラスチック製のコンテナもある。また最近は不織布の開発により根鉢をこの布で包んで土中に埋めて管理する「地中コンテナ栽培」などがある。

　いずれの場合も大きさと樹種をそろえて同一のベッドに並べておくことが管理上，最も理想的である。

　その際コンテナは不織布などを敷いた上に並べ，コンテナの底部の穴から根が土中に伸びるのを防ぐ（図2－22）。

　灌水を省き，コンテナの転倒を防ぐなどの目的からコンテナを土中に半分くらい埋めておくようなことは絶対に避けなくてはならない。

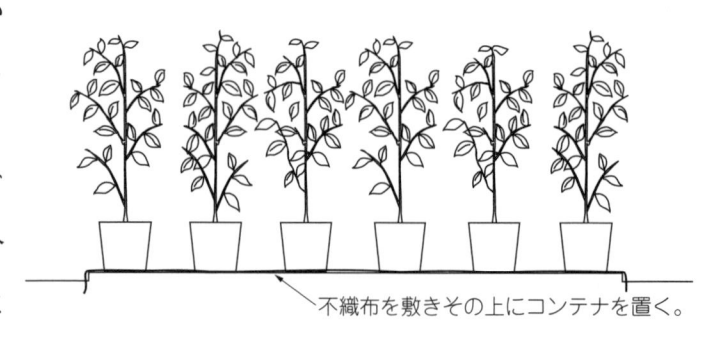

不織布を敷きその上にコンテナを置く。

図2－22　容器（コンテナ）の置き方

(2) 灌　　水

　灌水の方法としては，「ミスト灌水法」「スプリンクラー法」「噴射パイプ法」「注水式」「手灌水法」などがある。

　ミスト装置とは，"噴霧装置"であり，細かい霧状にした水をかけていく。

　灌水装置であるミスト装置（施設）には上部に配管する方法（図2－23）と，一定間隔に立ち上がりをつけ，その頂部から噴霧させる方法がある。

　スプリンクラー装置はミストよりも粒の大きな水をまく装置であり，いわゆるゴムホースの先に散水口をつけて散水するのを自動的にしたものである。

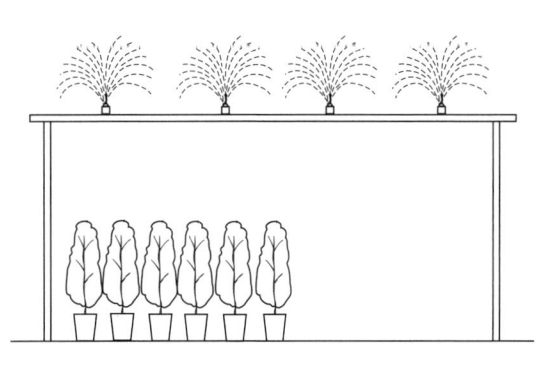

図2－23　灌水装置（ミスト装置）

　いずれもすべて器械まかせであるから，部分的に水のかからないところができるとその部分は何日もかからなくなるので，よく観察して対応する必要がある。

　これらの灌水法にくらべ手灌水は非常な労力を要する。

第5節　除　　草

　目的とする植物以外の草を一括して"雑草"という。しかし，雑草も植物であるから，雑草が育たないようなところでは，樹木も育てにくいということになる。雑草と樹木は相関関係にあることから縁の切れないものである。また，除草は労働的にも大きな部分を占めており，大きな問題である。

5．1　事前の処理

種子を落とさない雑草処理：雑草の種子は10年経過しても土中で生きているものがあり，耕うん機などで耕すと表層5cmくらいのところにあるものからでも発芽するので，原則としては，種子を落とさないことである。秋の手取り除草は重要である。

効果的な除草剤散布：雑草の発生状態をよく観察して，発芽2～3葉の初期に除草剤を散布すると低濃度，低薬量で効果的である。

手取り除草の適期：5月上旬の一斉発芽期をとらえると土を動かさなければあとはあまり発生しないので手取り除草（ひろい草ともいう）で間に合う。適期を逃がすと労力的に大変になるので，真剣に取り組む必要がある。

用土の熱処理：少量であれば用土を熱処理することによって雑草の種子を死滅させたり，病原菌や害虫の卵やさなぎを死滅させるなど大きな効果が得られる。しかし畑土ではこのように処理することは不可能に近い。

適切な薬剤処理：センチュウやコガネムシの防除とともに雑草防除を適切に努める。ただし処方どおりに行う必要がある。

コンテナ栽培用土の処理：蒸気処理や薬品処理がなされているが，多量の場合にはほとんど無処理で使用されている。

さらに用土以外にもコンテナ樹木の置き場所の処理も必要になってくる。

以前は雑草の抑制に相当量の除草薬剤散布やビニールシートを敷き対応してきたが，コンテナの底穴から根が地中に入り込むことが多かった。

現在では，雑草を抑えるとともに根の地中伸長を抑える「不織布」を敷くことでかなり改善されている。

5．2　除草剤の取扱いについて

近年，大気汚染や河川の汚染など自然破壊に大きな影響を及ぼすとして，農薬の中でも"除草剤"の使用については大きな社会問題となっている。このため安全基準を満たしているとはいえ，使用には慎重を期さなくてはならない。

現在では毒性が低く，土壌微生物によって分解されるといわれる除草剤も流通している。

環境的にも危険性の低い除草剤を用い，栽培樹に飛散しない専用のノズルも開発されているので，活用すると極めて効果的である。

コンテナを並べる部分は，不織布を敷くことによってほとんど雑草を防ぐことができる。あとは通路とコンテナに発生した雑草を抜く程度でよい。いずれにしても除草剤は使用法により，また樹種によっては，除草剤によって根に障害の見られるものもあるので，十分注意して使う必要がある。

第6節　整枝・剪定

育成の段階での整枝・剪定は，それほど大々的なものではない。しかし，未完成の段階であれば木の持つ個性よりもクローン的なものと考えてよく，画一的に樹形をつくっていけばよいわけである。

そこで，国土交通省監修「公共用緑地樹木等品質寸法規格基準（案）」を参考に，また将来この木をどのような形に仕立てていくか，どのような形が需要にかなうかなどを考慮しながら形を整えていく必要がある。

6．1　一般原則

針葉樹・常緑広葉樹・落葉広葉樹・高木・低木などに大別できるが，さらにそれぞれについても大きく育てるものから，玉物・株仕立てなどにつくられる場合もある。

針葉樹は，一般にはしんを立てて円すい形につくっていく場合が多い。

常緑広葉樹もしんを立てていくもののコンテナが小さ過ぎると下枝を枯らしてしまうので，早目の植え替えをするとともに，下枝もしっかり育てていくことが大切である。

落葉広葉樹は，樹種によっては常緑広葉樹に似た樹形にまとまるもの，枝が著しく横開していくものなど，その樹種に合った形にまとめていくことが大切である。

株物については，手を加えるようなことは必要なく，ほとんど放任状態で育てていけばよい。

6．2　目的と効果

円すい形・玉仕立て・玉散らし仕立て・株仕立てなどいろいろな樹形につくられるので，苗木のうちからその目的に沿って仕立てていくとよい。育苗の段階では，そこまで見込んで育てていくことはほとんど考えられていない。

しかし，円すい形・玉物・株物などは早い時期からその形に沿って仕立てていく。

6．3　種　　　類

円すい形仕立ては，針葉樹を使ってつくる場合が圧倒的に多い。イチイ・カイヅカイブキ・サワラ・ヒノキ・ヒマラヤスギなどが使われる。トウヒ・ヒマラヤスギ・モミなどは側枝をほとんど切り詰めず放任状態でよい。

玉仕立ては，本来円すい形樹形になるべきものであるが，しんが折れてしまったものや，また意図的にしんを止めたものを側枝を育てて刈り込んでいく。しかし，タマイブキやキャラボクはしんが立たず，苗のときから複数のしんを立てて，これを刈り込んでいく。

図2−24　キャラボクの仕立て前の素材

図2−25　キャラボクの仕立て始め

図2−26　キャラボクの仕立て物

玉散らし仕立てによく仕立てられるマツ類やイヌツゲ・イヌマキなどは，枝を大事に育てていくことが大切であり，特に下枝を枯らさないよう配慮する必要がある。しかし，枝は放任とはいうものの全く手を加えなくてもよいというものではなく，ほ場・管理面を考慮しながら切り詰めていく。

6.4 技　　法

改まった技法というものではなく，かまや刈込みばさみで枝先を刈り取っていく。

例えば，細かくやわらかい枝を密生させるシノブヒバやヒムロスギなどは，小さいうち（1.2mくらいまで）はよく研いだ草刈りがまで，下から上に刈り上げるような形で刈った方がはさみで刈るよりも早い（図2-27(a)）。イヌツゲ・キャラボク・サワラ・タマイブキ・ヒノキなどは刈込みばさみで刈り込んでよい。

ヒバ類や玉仕立てなどは，6～7月と11月以降の年2回の刈込みを標準としているが，この2回に拘らず少しずつ頻繁に刈っていくと，小枝の密生した美しい樹形ができる。

落葉広葉枝などは，著しく樹形を乱す枝・強く伸びる徒長枝・からみ枝などを切り詰める程度でよく，樹種によっては，あまりスリムに形をつくると価値の低下につながることもあるので，十分注意する（図(c)）。

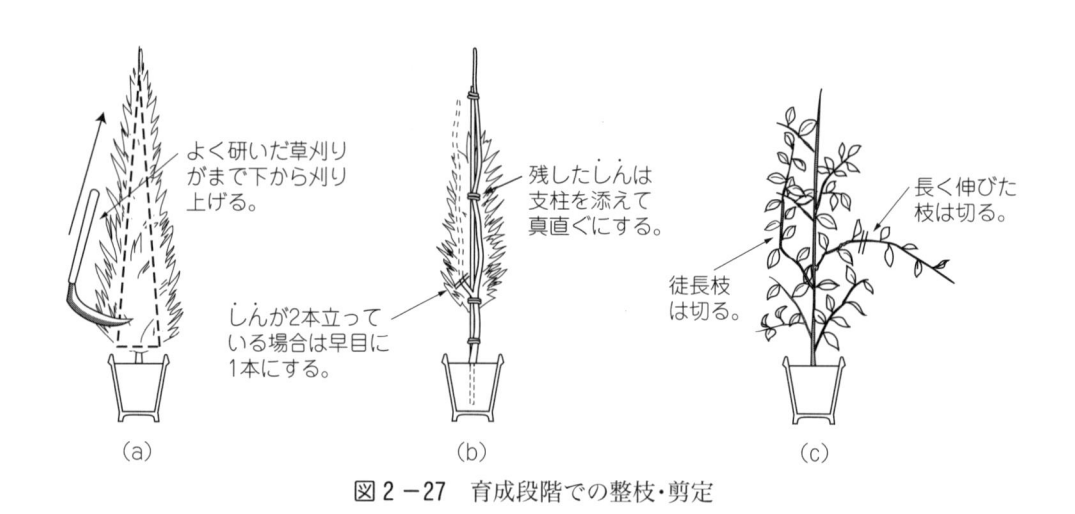

図2-27　育成段階での整枝・剪定

--- *学習のまとめ* ---

- 種子の休眠は種子の完熟や乾燥，種皮や果肉に含まれる発芽抑制物質などの存在によって起きる。
- 種子の発芽は水，温度，酸素，日光などが必要であるが，植物によっては光をあまり必要としないものもある。
- 種子には，乾いていても発芽能力を保つものも一部あるが，一般的には乾くと発芽能力を失うか休眠してしまう。また，土中にあっても覆土が浅く，霜柱で露出したり，日照りが続くと乾いて発芽力を失うことがある。
- 挿し穂は基部の切り口が細胞分裂を起こして癒合(ゆごう)組織がつくられ，ある程度の吸水能力を持つ。この組織の一部と穂木下部の形成層篩部の大部分から不定根が発生する。
- 細胞分裂や癒合組織の形成には，温度・水・光・それに植物ホルモンなどの影響を大きく受ける。
- 接ぎ木用台は，つくろうとする苗（穂木）に接ぎ木親和性のある種を選ぶことが大切である。
- 接ぎ木は，台木と穂木を細胞分裂する相互の形成層を密着させることによって接合が進行するものである。
- 形成層の分裂は，温度と湿度が非常に大きく影響を与えるものである。
- 取り木は，枝の途中に不定根を発生させる。これには水分・温度・酸素・植物ホルモンが大いに関係する。
- コンテナによる育苗は，根のよい大きさのそろったものがつくれるとともに，ほ場の管理が容易である。
- 幼苗期は成長に重点をおき，葉肥といわれる窒素肥料を主にバランスのとれた肥料を用いるが，少量ずつ頻繁に施すか，又は緩効性肥料を施用し，生育期に一気に伸ばす。
- 除草剤は，土壌の劣化を招かないように使用剤の適切な選択と，発生初期に少量で効果的な散布を心掛ける必要がある。また，コンテナ栽培場では不織布などの利用により雑草の発生を防ぐ必要がある。
- 幼苗期は強い剪定を避け，高さと幹の太りに重点をおいて育てる。
- 品質規格基準に合わせた植栽密度と，整枝・剪定が必要である。

練 習 問 題

1．コンテナ栽培の利点を5つあげなさい。

2．次の文について，正しいものには○を，誤っているものには×をつけなさい。

　(1) 台木を植えたまま接ぐ方法を居接ぎと呼ぶ。

　(2) ツツジ類の種子は，貯蔵中に乾かすと発芽しない。

　(3) 常緑樹の挿し穂は，切り口を2～3日乾かしてから，挿し木するとよい。

　(4) 緩効性肥料は，施肥後，しばらくして徐々に効き出し長い期間続く。

　(5) マツ類やイヌツゲの玉散らし仕立ては，下枝を枯らさないように大事に育てる。

3．次の文章は，樹木の繁殖方法についての記述である。①～⑤に正しい語句を記入しなさい。

　親株の一部を使って増やすが，（ ① ）では活着しにくいものや，（ ② ）では目的の花や果実がならないものについて，元気の良い（ ③ ）を借りて親株と同じ個体をつくる方法を（ ④ ）という。高度の技術を要するが，つくられた苗は初期から生育の良い苗が得られる。特に（ ⑤ ）の増殖には，この方法によることが多い。

第3章

樹木の仕立てと移植

　自生している植物は，その地域の自然環境に適合した植物であり，他の植物と相互に競争関係を持ちながら生育している。人の手を借りることなく生育でき，長い年月によりその地方独特の景観をつくっている。

　人々の住環境の快適性をつくり出すために植栽[*1]される緑化樹木（以下樹木という）は，限られた生育空間及び土壌条件・気象条件などが最適条件とはいえないような，様々な環境条件下での生育が強要される。また，樹木は，修景・緑陰・遮蔽・観賞・緑地形成・グランドカバー[*2]など様々な目的のために使用される。そのために，植木畑で樹形の仕立てや移植に耐えるよう根鉢内に細根を発生させるなどの栽培管理が行われる。

　この章では，樹木の仕立て，移植（植え替え・鉢替え）などについて述べる。

第1節　樹木の仕立て・維持管理

　樹木をどのような形状（樹形）につくり上げるかが「樹木の仕立て」であり，仕立てられた樹形をいかに維持するかが「樹木の維持管理」である。

　樹木の仕立てと維持管理は，剪定・整姿（刈り込みを含む）・誘引・除草・病害虫防除などが考えられる。

1．1　樹木の仕立て樹形

　樹木の樹形は，幹・枝・葉蔟[*3]及び枝と葉蔟とで形づくられる樹冠[*4]などによって構成される。樹木の樹形を仕立てる場合，1つには自然界の気候，土壌の環境条件下で生育し，樹齢，樹木それぞれの生育特性などによって独特の樹形を示しているのを基本にして仕立てるか，又は人工的な形状に仕立てる。

　幹・枝・葉蔟・樹冠などの形の一例を，図3－1～図3－4に示す。

[*1]　植　栽：目的を持って植物を植えつけること。
[*2]　グランドカバー：土壌表面を草丈の低い植物体で覆うこと。
[*3]　葉　蔟：枝と葉によってつくられる枝葉の塊のこと。
[*4]　樹　冠：幹を中心に枝葉で形成される空間部分をいう。

88 栽培法及び作業法

直幹　双幹　株立ち(武者立ち)　斜幹　曲幹

短幹　懸崖　蔓　伏幹
ウメ(臥竜梅)

図3-1　樹幹の形

下向形　下向形　下向形　上向形
マツ(老樹)　ムクノキ(老樹)　ヒマラヤスギ　ポプラ

上斜向形　水平形　波状形　枝垂形　枝垂上向形
ケヤキ(壮樹)　モミ　カキ(老樹)　シダレヤナギ　ユキヤナギ

図3-2　主枝の形

玉状　波状　小波状
(モッコク・イヌツゲ・スギ)　(マツ・ラカンマキ)　(カマクラヒバ)

塊状　塊状　立層状　旋回状
(クス)　(シイ)　(コノテガシワ)　(カイヅカイブキ)

図3-3　葉蔟の形

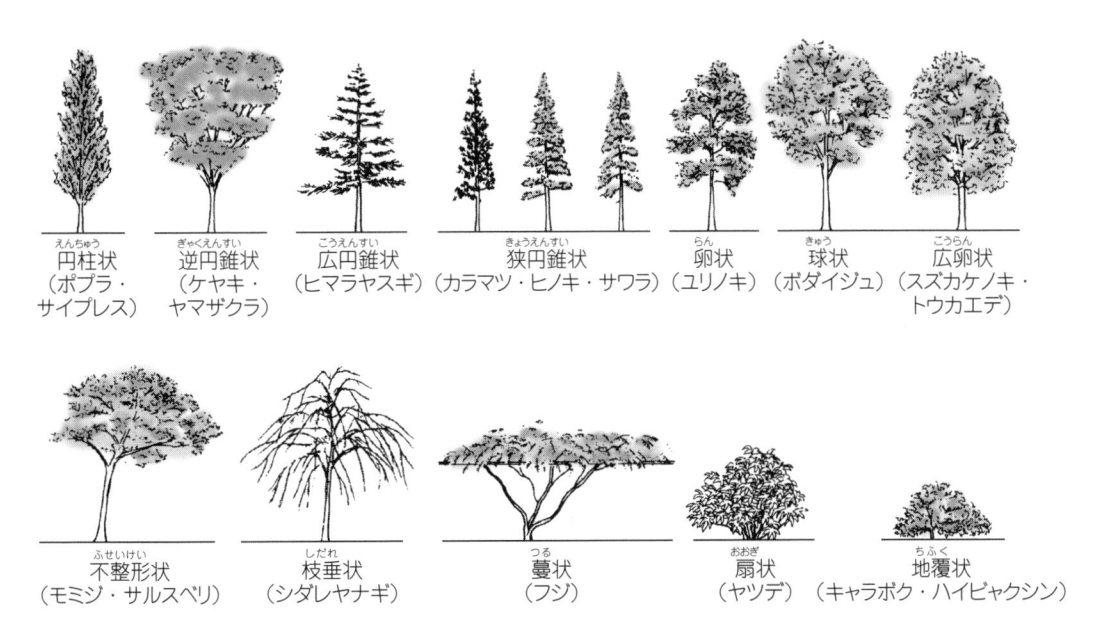

円柱状	逆円錐状	広円錐状	狭円錐状	卵状	球状	広卵状
(ポプラ・サイプレス)	(ケヤキ・ヤマザクラ)	(ヒマラヤスギ)	(カラマツ・ヒノキ・サワラ)	(ユリノキ)	(ボダイジュ)	(スズカケノキ・トウカエデ)

不整形状	枝垂状	蔓状	扇状	地覆状
(モミジ・サルスベリ)	(シダレヤナギ)	(フジ)	(ヤツデ)	(キャラボク・ハイビャクシン)

図3-4　樹冠の基本形

　前述した樹形を参考にして，植木畑での樹木の仕立てや，植栽した空間に適合した樹形に仕立てる。その樹形の一例を，図3-5～図3-10に示す。またそれらの仕立てに適すると思われる樹種の一例を表3-1にあげる。

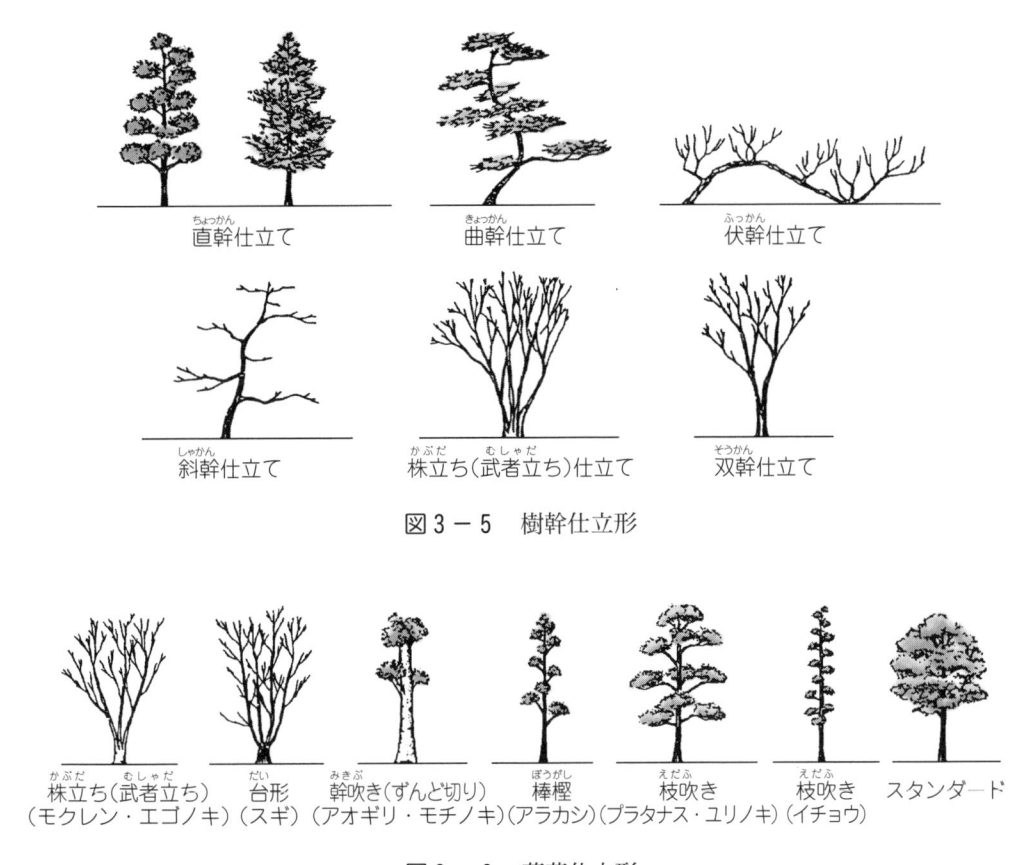

直幹仕立て　曲幹仕立て　伏幹仕立て
斜幹仕立て　株立ち(武者立ち)仕立て　双幹仕立て

図3-5　樹幹仕立形

株立ち(武者立ち)	台形	幹吹き(ずんど切り)	棒樫	枝吹き	枝吹き	スタンダード
(モクレン・エゴノキ)	(スギ)	(アオギリ・モチノキ)	(アラカシ)	(プラタナス・ユリノキ)	(イチョウ)	

図3-6　萌芽仕立形

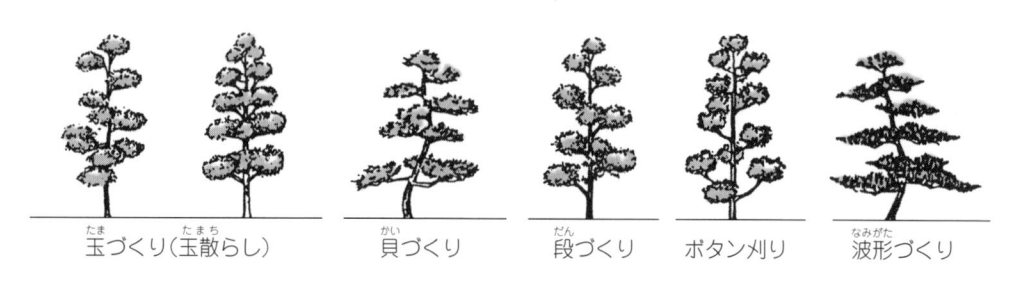

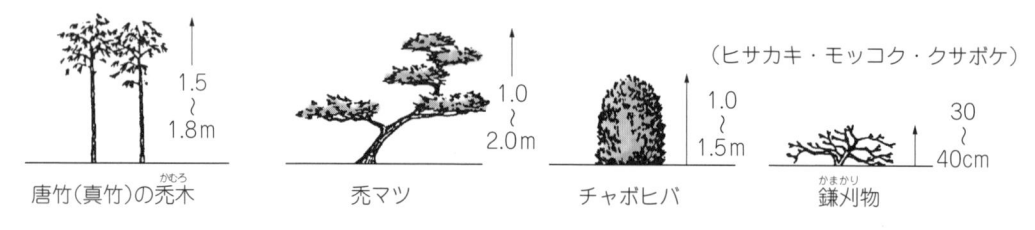

玉づくり(玉散らし)　貝づくり　段づくり　ボタン刈り　波形づくり

図3-7　葉蕀仕立形

唐竹(真竹)の禿木　1.5〜1.8m
禿マツ　1.0〜2.0m
チャボヒバ　1.0〜1.5m
(ヒサカキ・モッコク・クサボケ)
鎌刈物　30〜40cm

図3-8　矮性仕立形

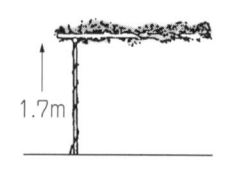

1.7m

図3-9　棚づくり仕立形

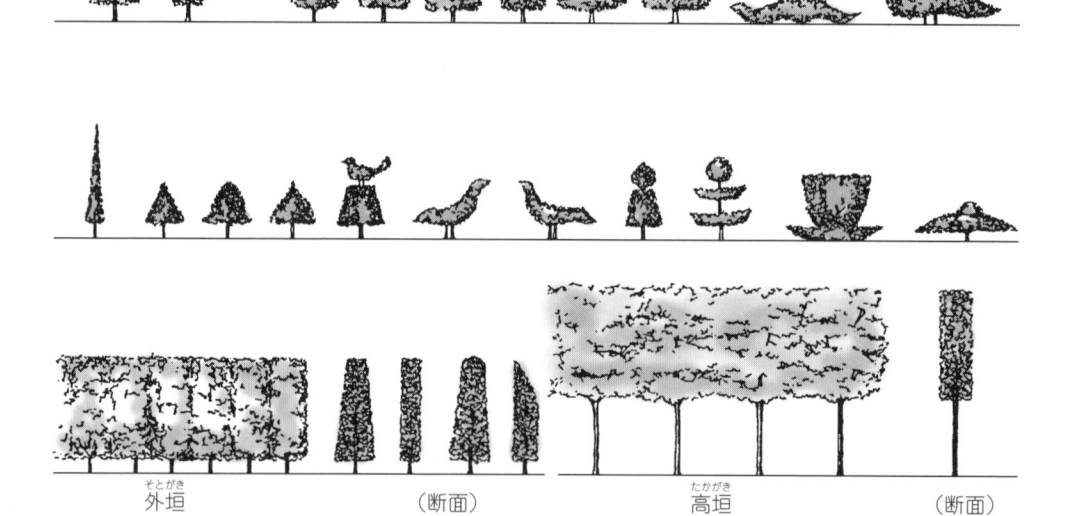

外垣　(断面)　高垣　(断面)

図3-10　刈込み仕立形

表3-1　樹木の仕立て方と樹種

仕立て方	適合樹種
直幹	スギ・ヒノキ・ヒマラヤスギ・コウヤマキ・ケヤキ・ポプラ・モミ・トチノキ・ミズキ・ユリノキ・ホオノキ・メタセコイヤ・ラクウショウなど
双幹	コウヤマキ・カヤ・アカマツ・クロマツ・スギ・ヒノキ・ウメ・カエデ・サルスベリ・ナツツバキ・ヒメシャラなど
五幹	スギ・アスナロ・ヒノキ・コウヨウザン・キタヤマスギなど
武者立ち	コナラ・シラカンバ・ナツツバキ・コノテガシワ・リョウブ・アカシデ・コブシ・ハクモクレン・ケヤキ・カエデ・エゴノキ・アブラチャン・ボケ・カツラ・ヤマツツジ・ミツバツツジなど
斜幹	サルスベリ・クロマツ・アカマツ・カエデ・イヌマキ・ザクロ・イチイ・ラカンマキ・シャリンバイ
曲幹	アカマツ・イヌツゲ・クロマツ・ラカンマキ・イヌマキ・サルスベリ・ウメ・ゴヨウマツなど
株立ち	ナンテン・マンリョウ・センリョウ・ヤツデ・シュロチク・ソテツ・ヤマブキ・エニシダ・ハギ・ユキヤナギ・アジサイ・ボケ・ハナゾノツクバネウツギなど
懸崖	アカマツ・クロマツ・ヤナギなど
柱形	ポプラ・イタリアンサイプレス・チョウセンガヤ・ビャクシン
円筒形	イヌツゲ・イチョウ・シラカシ・アカガシ・シイ・サンゴジュ・マサキ・ツバキ・サザンカ・モクセイ・ユズリハ・キャラボク・コノテガシワ・チョウセンガヤ・ゲッケイジュなど
円錐形	スギ・ヒノキ・ヒムロ・カヤ・チャボヒバ・イチイ・イチョウ・サワラ・カツラ・コウヤマキなど
傘形	ヒノキ・サワラ・アスナロ・ヒメアスナロ・ツガ・コメツガ・ネズコ・ミズキ・キョウチクトウ・ハコネウツギ・ユズリハ・ネムノキ・サルスベリ・タギョウショウなど
塔形	ヒマラヤスギ・カラマツ・トウヒ・モミなど
盃	サクラ・カエデ・ハナミズキ・サルスベリ・サンシュユ・ケヤキ・カツラなど
扇立て	ヤツデ・カミヤツデ・ヒイラギ・ナンテンなど
ほうき状	ポプラ・ビャクシン類・ホウキモモ・ホウキサクラ・カイヅカイブキなど
鐘形	プラタナス・ユリノキ・トウカエデ・ニセアカシア・イチョウ・ヒノキ・シラカシ・ユズリハ・アラカシ・モクセイ・サザンカ・ツバキ・クスノキなど
横枝形	クロマツ・ゴヨウマツ・サルスベリ・ラカンマキ・ザクロ・カエデ・ネムノキなど
枝垂形	シダレヤナギ・シダレザクラ・シダレウメ・シダレモモ・シダレグワ・シダレカツラ・シダレミズキ・シダレイチョウ・シダレエンジュなど
匍匐茎形	ハイビャクシン・ハイマツ・ハイネズなど
蔓形	ビナンカズラ・テイカカズラ・アケビ・ムベ・ツキヌキニンドウ・ツルウメモドキ・ブーゲンビリア・スイカズラ・フジ・ツルマサキなど
スタンダード	バラ・ユキヤナギ・イヌツゲ・カイヅカイブキ・ビャクシン類など
トピアリー	イヌツゲ・キャラボク・ビャクシン・ドウダンツツジ・イチイ・マサキ・ヘデラ・カイヅカイブキなど
玉づくり	イヌツゲ・キャラボク・イヌマキ・ヒイラギ・ヒイラギモクセイ・ラカンマキ・チャボヒバなど
車づくり	イヌツゲ・イヌマキ・イチイ・ラカンマキ・チャボヒバ・ゴヨウマツ・ウバメガシなど
段づくり	ヒマラヤスギ・イヌツゲ・クロガネモチ・キャラボク・ラカンマキ・カヤなど
球形	モッコク・シイ・マテバシイ・タマイブキ・サワラ・マメツゲ・キャラボク・ハナゾノツクバネウツギ・ドウダンツツジ・コデマリ・サツキ・クサツゲ・シモツケなど
ずんど切り	ウメ・モチノキ・シイ・カヤ・イチョウ・サルスベリ・トチノキ・アオギリ・ケヤキなど
枝吹き	ウメ・サルスベリ・カヤ・イチョウ・ヒマラヤスギ・モチノキ・シイなど
梢吹き	ヤナギ・ウメ・サルスベリ・ザクロなど

1．2　樹木の整姿・剪定

1．1に呈示した樹形に仕立てるには，整姿・剪定，誘引などの技法が必要である。

整姿とは，樹木を目的にあった樹形に育てるために，幹・枝・茎・葉などを剪定・刈り込み・誘引などによって生育を調整し，樹木の姿を整えることである。

剪定とは将来の樹形を想定し，梢・枝・芽などを切り取ることである。

整姿・剪定の目的は，

① 各々の樹木が健全な生育をするようにする。

② 樹木の樹形，配植などの美しさを発揮させる。

③ 樹木の植栽目的を達成させる。

などである。

（1）剪定用具

樹木を剪定する際には，次のような用具を用いる。

① 剪定のこぎり・チェーンソー（大枝の剪定に使用）

② 剪定ばさみ・高枝剪定ばさみ（直径1cm前後の枝の剪定に使用）

③ 木ばさみ（植木ばさみ）（小枝の剪定に使用）

④ 刈り込みばさみ・ヘッジトリマー（生け垣・玉物・トピアリーなどの枝葉の刈り込みに使用）

⑤ 三脚・はしご・高所作業車（高い場所での剪定に使用）

①～④の用具については，常に手入れを行い，よく切れるようにして，樹木に障害が出ないようにする。

また，剪定のこぎり・剪定ばさみ・木ばさみなどはケースに入れ，腰のベルトに装着できるようにすると，作業の安全性及び能率が上がる。

チェーンソー及び高所作業車の使用には，必ず有資格者が当たり，持ち運びのときは必ずスイッチを切っておく。

（2）剪定の基本

剪定の基本について述べる。

① 頂枝は1つにする。

② 枝の配置は，なるべく互生[*1]を基本とし，対生枝[*2]や車枝[*3]にしない。

③ 勢いの強い枝は強く，勢いの弱い枝は弱い剪定をする。

④ 枝は元が太く，先が細い自然形になるように剪定する。

[*1]　互　生：枝が互い違いに位置すること。
[*2]　対生枝：幹を中心に左右同じ位置にある枝のこと。
[*3]　車　枝：幹を中心に四方に同じ位置から派生している枝のこと。

⑤ 同一枝について，毎年同じ位置で剪定しないようにする。

⑥ 不要枝は必ず剪定する。

⑦ 同一方向に近接して樹木の枝が重ならないようにする。

⑧ 正面で視点の高さと同じ位置に突き出ている枝は剪定する。

⑨ 樹種固有の自然樹形に反した方向に伸長した枝は剪定する。

⑩ 枝は，全体的にバランスのよい配置になるように剪定する。

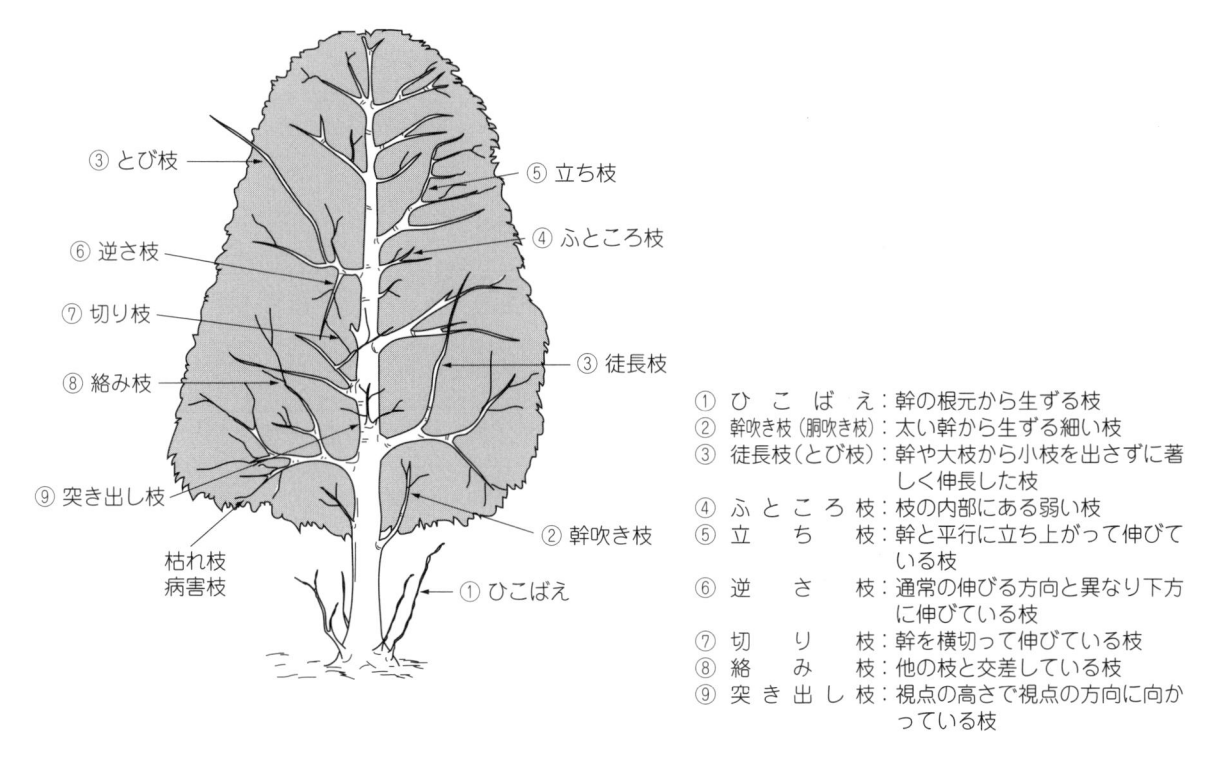

図中ラベル：
- ③ とび枝
- ⑥ 逆さ枝
- ⑦ 切り枝
- ⑧ 絡み枝
- ⑨ 突き出し枝
- 枯れ枝・病害枝
- ⑤ 立ち枝
- ④ ふところ枝
- ③ 徒長枝
- ② 幹吹き枝
- ① ひこばえ

① ひ　こ　ば　え：幹の根元から生ずる枝
② 幹吹き枝（胴吹き枝）：太い幹から生ずる細い枝
③ 徒長枝（とび枝）：幹や大枝から小枝を出さずに著しく伸長した枝
④ ふ と こ ろ 枝：枝の内部にある弱い枝
⑤ 立　ち　　枝：幹と平行に立ち上がって伸びている枝
⑥ 逆　さ　　枝：通常の伸びる方向と異なり下方に伸びている枝
⑦ 切　り　　枝：幹を横切って伸びている枝
⑧ 絡　み　　枝：他の枝と交差している枝
⑨ 突 き 出 し 枝：視点の高さで視点の方向に向かっている枝

図3-11　不要枝の模式図

（3）剪定の時期

剪定の時期は，落葉樹・常緑樹・針葉樹など樹種別に記述する場合と季節別に記述する場合がある。

ここでは，季節による剪定の方法により記述し，表3-2に示す。

花木類の剪定には，花木の花芽分化期及び枝への着花部位などを知ることが必要である。その理由は，花芽形成後に，枝の剪定作業をすると花や実をつけなくなるからである。概略的に花芽分化期を見ると，春咲きの花木類は前年の6～9月の間，秋咲きの花木類は，当年の5～7月の間に見られる。主な花木の花芽分化期・花芽の位置・開花期を表3-3に示す。

（4）剪定の技法及び剪定の効果と位置

剪定の技法と剪定の効果・位置・方法について，表3-4及び図3-12に示す。

これらの剪定の技法のほかに，

① 刈り込み……樹冠の新生枝，葉の全面を刈り込みばさみである形に刈り込む。
　　　　　　　→人工的な樹形を仕立てるために行う。

② 摘　芯……新梢の先を摘み取る。→新梢の充実と側芽の伸長促進のため。

表3－2　季節による剪定時期の分け方

冬季剪定	12～3月ごろに行う剪定で，落葉樹の休眠期に当たる。 剪定による樹木への影響が少ない。 樹形をつくるための枝おろし・枝透かし・枝抜き・切り返しなどの剪定適期である。 常緑樹は，寒害を受けるおそれがあるので，春季剪定が好ましい。 樹液の上昇の早いカエデ類・ウメ類・ヤナギ類・キウイフルーツなどは12月ごろ，また芽出しの遅いサルスベリ・ザクロ・ネムノキなどは3月以降でもよい。
春季剪定	3～5月ごろに行う剪定で，樹木の萌芽期に当たる。 常緑樹は，古葉を落として新葉更新期に入るので，樹形を整えるのに適期である。 落葉樹は，樹勢を衰弱させる強剪定は避ける。 花木類*1は，開花を終了した枝を中心に剪定を行い，樹形を整える。
夏季剪定	6～8月ごろに行う剪定で，春から伸長した枝の充実期に当たる。 主な花木の花芽分化期*2にも当たる。 落葉樹は，徒長枝や混み枝を取り除く程度の剪定にする。 常緑樹の中で再萌芽する樹種は，土用芽*3が萌芽する前に剪定できる。 花木類の剪定は，花芽形成枝を避けて不要枝を取り除く程度にとどめる。 この時期の剪定は，強剪定すると樹勢を衰弱させるため控えめに行う。 生け垣などの刈り込み物の剪定の適期である。特に，針葉樹は強剪定を避ける。
秋季剪定	9～11月ごろに行う剪定で，剪定後の萌芽はほとんど期待できない。 夏期までに伸び過ぎた枝を切り詰め・切り返し・刈り込みなどにより樹形を整える。 枝透かし・枝抜きなどを行い冬季剪定と同様に樹形を整える時期でもある。

*1　花木類：花の観賞を主目的とする樹木類。
*2　花芽分化期：葉となる芽から花を咲かせるための芽に転換する時期。
*3　土用芽：夏の土用のころ発芽する芽。

表3－3　主な花木の花芽分化期・花芽の位置・開花期

① 当年枝に花芽分化し，当年中に開花する花木

樹　種	花芽分化期	花芽の位置	開　花　期
アメリカデイゴ	7～8月	頂芽	8～10月
キョウチクトウ	ほぼ1年中	頂芽	5月下旬～10月
キンモクセイ	7～8月	側芽	9～10月上旬
キンシバイ	4月下旬～5月	頂芽	6～7月中旬
ザクロ	4月中旬	頂芽・側芽	5月下旬～6月中旬
サザンカ	6月中旬～下旬	頂芽	11月上旬～1月中旬
サルスベリ	4月下旬	頂芽	8月上旬～9月下旬
シモツケ	4月下旬～5月	頂芽	6～7月
チャノキ	7月下旬～9月	頂芽・側芽	10～11月
ハギ	7～8月下旬	頂芽・側芽	8月～10月中旬
ハクチョウゲ	3月下旬～4月上旬	頂芽	5月上旬～7月上旬
ハナゾノツクバネウツギ	5～9月	頂芽	6～9月
バラ	4～10月	頂芽	5～12月
ビヨウヤナギ	4～6月	頂芽	6～7月
フヨウ	6～7月	頂芽・側芽	7～10月
ムクゲ	4月下旬～5月下旬	頂芽	7月上旬～9月中旬

② 当年枝に花芽分化し，翌年に開花する花木

樹　種	花芽分化期	花芽の位置	開　花　期
アジサイ	10月上旬〜中旬	頂芽	5月中旬〜7月
アセビ	7月中旬	頂芽	3月下旬〜4月
ウツギ	7月中旬	上部側芽	5〜6月
ウメ	7月上旬〜8月中旬	側芽	1月中旬〜3月中旬
エニシダ	8月	側芽	5〜6月
エンジュ	9月	側芽	7〜8月中旬
カイドウ	7月中旬	側芽	4月上旬〜下旬
キリシマツツジ	6月下旬〜7月上旬	頂芽	4月中旬〜5月中旬
クチナシ	7月中旬〜9月上旬	頂芽	5月下旬〜7月上旬
コデマリ	9月上旬〜10月下旬	側芽	4月下旬〜5月上旬
コブシ	7月	頂芽	3月
ザイフリボク	7月	側芽	4月中旬〜5月中旬
サクラ類	6月下旬〜8月上旬	側芽	3月中旬〜4月下旬
サツキ	6月下旬〜8月中旬	頂芽	5月中旬〜6月
サンシュユ	6月上旬	側芽	2月下旬〜4月上旬
シャクナゲ	6月上旬〜中旬	頂芽	5月上旬〜6月中旬
シャリンバイ	7〜8月	頂芽	4月中旬〜5月中旬
ジンチョウゲ	7月上旬	頂芽	3月中旬〜4月上旬
タイサンボク	8月	頂芽	5月中旬〜6月
ツツジ	6月中旬〜8月中旬	頂芽	4月上旬〜6月中旬
ドウダンツツジ	8月上旬〜中旬	頂芽・側芽	4月中旬〜5月中旬
トサミズキ	8月	頂芽・側芽	3月中旬〜4月上旬
ニセアカシア	7月	側芽	5月
ニワウメ	8月中旬	側芽	3月下旬〜4月下旬
ハクモクレン	5月上旬〜中旬	頂芽	3〜4月上旬
ハナカイドウ	7月	頂芽・側芽	3月中旬〜4月
ハナズオウ	7月上旬	側芽	4月上旬〜5月下旬
ハナミズキ	7月下旬〜8月上旬	頂芽	4月中旬〜5月上旬
ヒイラギナンテン	8月	頂芽	3月中旬〜4月中旬
ヒメシャラ	8月	側芽	6月中旬〜7月中旬
ヒュウガミズキ	8月	頂芽・側芽	3月中旬〜4月上旬
フサアカシア	7月	頂芽・側芽	3月
フジ	6月中旬〜下旬	側芽	4月下旬〜5月下旬
ヤブツバキ	6月上旬〜9月上旬	頂芽	1月中旬〜4月
ユキヤナギ	9月下旬〜10月上旬	側芽	3月中旬〜4月上旬
ユリノキ	9月下旬〜10月上旬	頂芽	6〜7月
ライラック	7月中旬〜8月上旬	頂部の側芽	4月中旬〜5月中旬
レンギョウ	6月中旬〜下旬	側芽	3月中旬〜4月下旬

表3－4　剪定技法別剪定の効果・位置・方法

剪定の技法名	効　果	位　置	方　法
枝おろし	骨格枝の形成	幹と主枝の間，主枝と副主枝	大枝を付け根からのこぎりで切り取る。
枝透かし（枝抜き）	樹形（樹冠）の縮小，樹勢の回復	側枝の途中，新生枝と側枝の間	不要な小枝や密生した小枝を分岐点の付け根から，剪定ばさみ・植木ばさみなどで剪定する。
切り返し	樹冠の維持・縮小	長枝と短枝の間	長枝の途中から出ている短枝を残して長枝をその付け根から剪定する。
切り詰め	樹冠の現状維持	新生枝の途中	伸び過ぎた枝（主に新生枝）を途中で剪定し，新梢を出させる。

||||: 枝おろし
|||: 枝透かし
||: 切り返し
|: 切り詰め

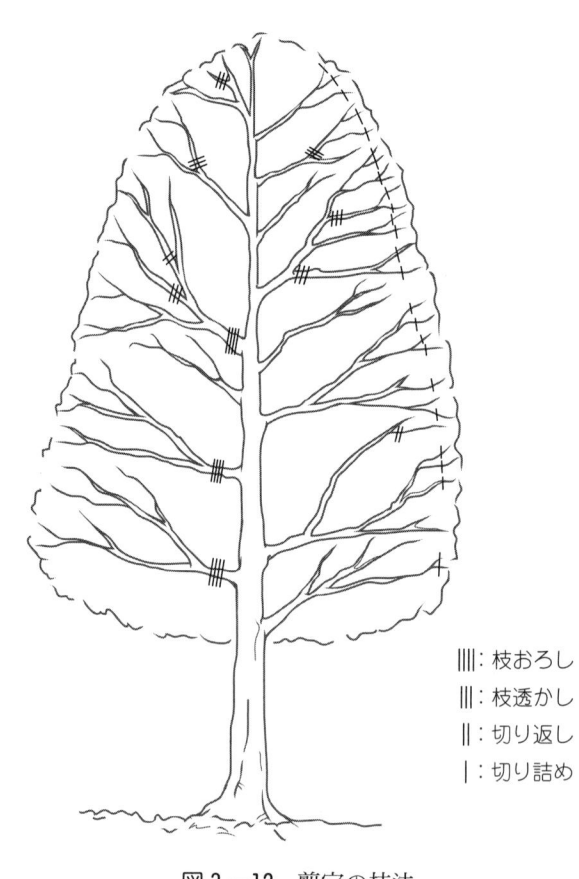

図3－12　剪定の技法

③　摘　　芽……新梢の芽をかき取る。→残した芽の促進のため。

④　摘　　葉……葉を摘み取る。→梢・枝の生育抑制のため。

⑤　摘　　蕾……蕾を除去する。

⑥　摘　　花……花を除去する。　　→樹勢の低下防止と良質の花・果実をつけさせるため。

⑦　摘　　果……果実を除去する。

などがあげられる。

（5）　剪定の手順

剪定の手順は，

①　樹形全体を観察し，どのような樹形にするか把握し，そのためにはどの枝を切るかなどを頭に入れる。

②　樹木の上部から始め下部へ向かって行う。また，樹冠の内部から外部に向かって行う。

③　不要枝の剪定→枝抜き・枝透かし・切り返し剪定→切り詰め剪定

となる。

(6) 幹・枝の誘引

目的の樹形をつくるために，幹・枝などを目的の方向に導き，整姿することを「誘引」という。誘引は，

①　丸太・竹などの支柱に幹・枝などをそれに沿うようにシュロ縄などで結束する。

②　シュロ縄などで引っ張って固定する。

③　枝に針金を回す。

④　棚やフェンスなどに幹や枝を結束する。

などをして，樹木をある形に仕立て上げる。

誘引は，樹木の伸長が止まったか鈍くなった時期が最適である。しかし，太い幹を誘引する場合には，樹液の活動しているときがいいといわれ，樹木の木質部と樹皮が形成層の部分から剝離(はくり)しないように，曲げる部分の幹・枝の周囲をわら縄やシュロ縄で固く巻き上げ防護して行う。

(7) 仕立て

樹木の仕立ては，樹高2～3m以上，樹齢10～15年くらいの若木から仕立てるのが一般的であるが，地域によって多少異なる。

枝垂れ性の樹木・蔓(つる)性の樹木・生け垣用の樹木は，苗木の時期から仕立てのための整枝・剪定・刈り込み・誘引などの維持管理が行われる。

玉物の仕立ては，3～5年生の株立ち状の苗木を強刈り込みし，萌芽枝を年に2～3回刈り込んでつくりあげる。

枝垂れ性樹木の仕立ては，

①　植えつけた苗木のしんを支柱に誘引して適当な高さに伸ばしてからしんを留める（図3－13(a)）。

②　伸びた新梢を夏の間に支柱に誘引する。そして他の枝は数節を残して剪定する（図(b)，(c)）→次年（図(d), (e)）。枝の剪定のときは外芽で切る。

などの後5～6年で骨格ができる（図(f)）。

(a)　(b)　(c)

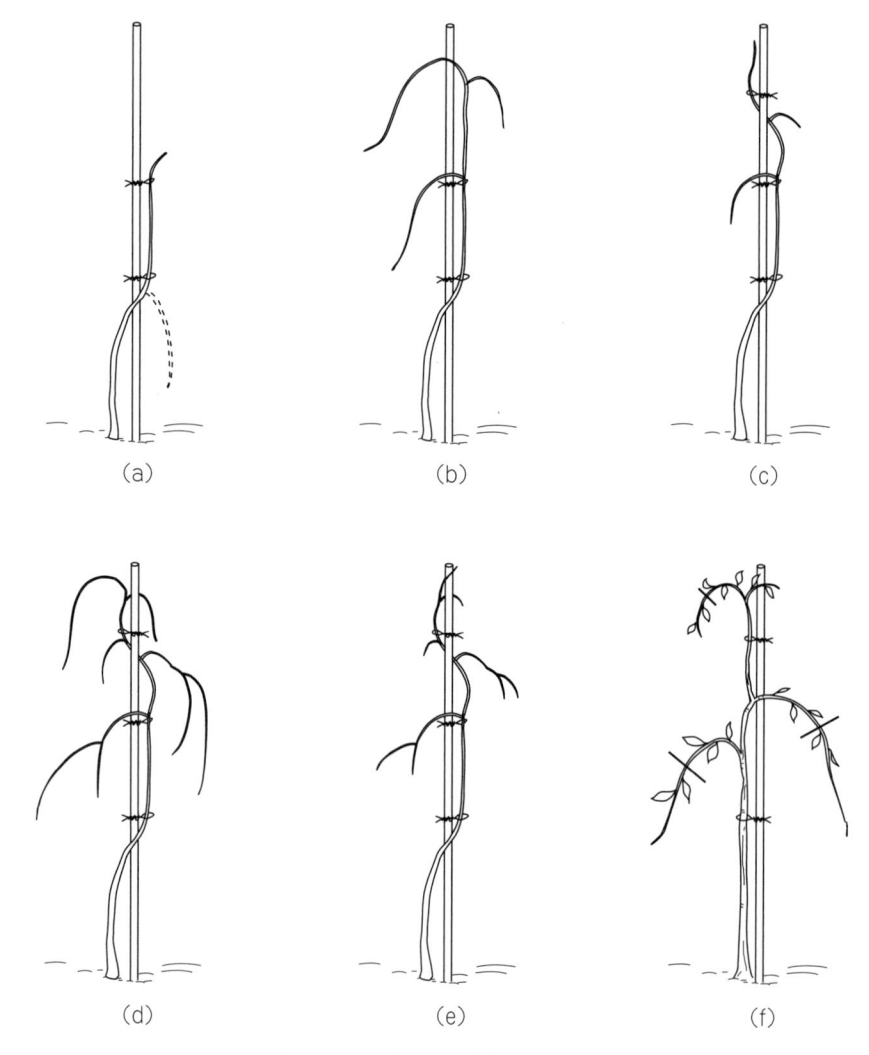

(d)　(e)　(f)

図3−13　枝垂れ性樹木の仕立て

訓練課題名	樹木の枝おろし	材　　料
		樹木

１．作業の概要
ずんど切りや骨格をつくるため，太い枝を剪定する。

２．作業の準備
道具類：剪定のこぎり・剪定ばさみ・脚立・はしご・安全ベルト・高所作業車・ヘルメット・ロープ・なた・切口保護剤・はけなど

その他：安全防止柵・誘導員の配置

３．作業工程
だいたいの作業手順を理解してから課題に取り組む。

材料・道具類の準備 ⟶ ロープによる枝の保持 ⟶ 太枝の枝先の剪定 ⟶ 太枝の剪定 ⟶ 防腐剤の塗布 → 剪定枝・道具類の後片付け

訓練課題名	樹木の枝おろし	

実　習	関連知識
1．枝の剪定 (1) 剪定する太枝の枝先の枝葉は前もって剪定しておく。 (2) 剪定する太枝の落下を防止するためロープで保持する。 (3) 剪定する太枝の下部よりのこぎりを入れ半分くらい切る。 (4) 下部ののこぎりを入れた部分（①）より10cmくらい枝先に上部よりのこぎりを入れる（②）。切れるに従ってロープを緩めて枝を地上におろす。	・造園で使う脚立は，使用する場所の地面の状態が凹凸であるため，4本足より3本足の方が安定を取りやすいので，三脚を用いることが多い。 ・自由に動く1脚を樹木側に立て，この脚を頂点とし他の2脚と結んだ線が二等辺三角形になるように他の2脚の位置を決める。この2脚の足と地面とのなす角度は60°前後とする。また，この2脚の足は，水平に位置するように置く。 ・三脚を立てたら1〜2段脚立に上り全体重をかけ，安定していることを確認してから上部に上って使用する。 ［安全］ ・脚立の上り面の側方に無理に体を伸ばして作業すると転倒のおそれがあるので注意する。 ・高所作業車は必ず取り扱い資格のある者が操作する。電線・電話線その他の架空線に注意する。 ・通行人や通行車両の安全を確保するための保安要員を配置する。 ・高所作業においては，安全ベルト・ヘルメットを必ず着用する。 ・のこぎりは，押すときに力を入れるとのこぎりを折ることが多いので，歯の粗い剪定用を使用し，ひくときに切るようにする。 ・のこぎりは，ケースに収納できるものを腰のベルトにつけて使用する。体を安定させた体勢で使用する。

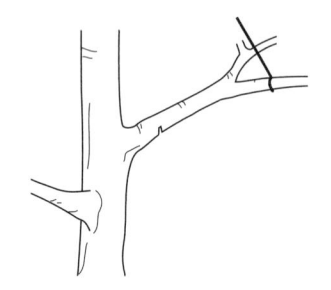

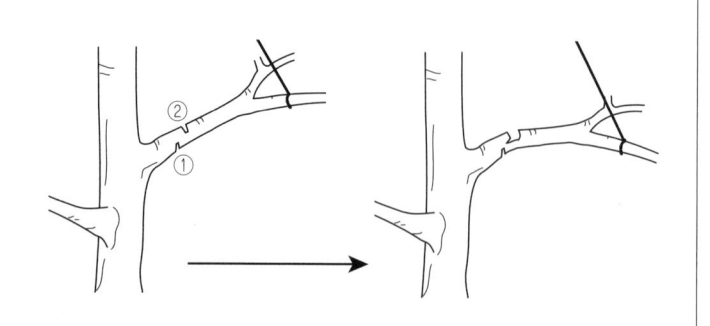

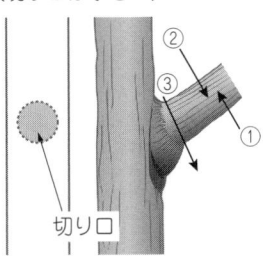

実　習	関連知識
(5) 残った太枝の一部を再度幹に沿って切り直す。 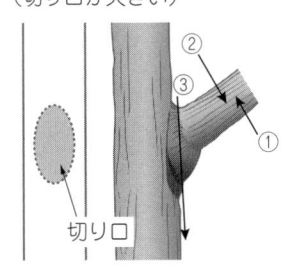 　　好ましくない切り方　　　　　好ましい切り方 　　（切り口が大きい）　　　　　（切り口が小さい） 2. 後片付け (1) 剪定した枝を，運搬しやすい長さに切り，適度な大きさに束ねる。 (2) 使用した道具類は，泥・樹液・のこくずなどを水で洗い流し，乾かして保管する。 (3) 刃物は，砥石や目立てやすりで刃を研いで，機械油を塗って保管する。	・切り直しの際，枝元部の膨らんだ部分は傷つけないようにする。 ・枝の切断面が小さくなるように心掛ける。

訓練課題名	樹木の仕立て	材　　料
		10～15年生の自然樹形のイヌツゲ

1．作業の概要
樹木を曲幹仕立てにする方法をイヌツゲを用いて行う。

2．作業の準備
道具類：剪定のこぎり・剪定ばさみ・植木ばさみ・脚立・ヘルメット・支柱材・シュロ縄・わら縄・のみなど

3．作業工程
だいたいの作業手順を理解してから課題に取り組む。

材料・道具類の準備 ─→ 枝の剪定 ─→ 幹の誘引 ─→ 枝の誘引 ─→ 剪定枝・道具類の後片付け

実　習	関連知識
1．枝の剪定 (1) 自然樹形の枝の出方を見て，どのような樹形に仕立てるかを決め，枝を剪定する。	枝の配置 腹／背／返し枝／差し枝 〈よい枝の残し方〉 枝は差し枝を一番大きく仕上げる。 幹の曲りの腹の枝は大きく，背の枝は小さくつくる。 同じ位置から左右に枝を出さないこと。 上部の枝が大き過ぎる。／連続同方向／左右同位置は避ける。／返し枝が大き過ぎる。／差し枝が小さ過ぎる。 〈好ましくない枝の残し方〉 どうしても出さざるを得ない場合は枝の大きさを変えるか，上下に少しずらしてつくる。 下部の枝より上部の枝が大きくならないようにする。
2．幹・枝の剪定 (1) 幹の下の部分より幹を曲げる。そして上部の幹に移る。	幹・枝の曲げ方 曲げ部分にわら縄かシュロ縄をすき間なく固く巻き，樹皮の剥離を防ぐ。

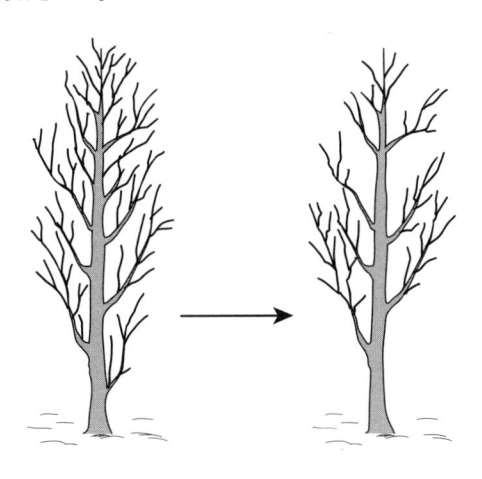

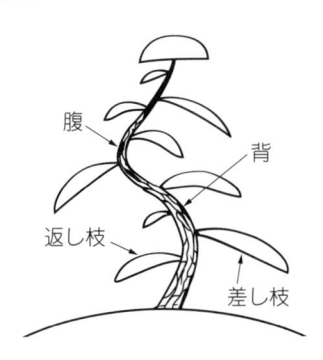

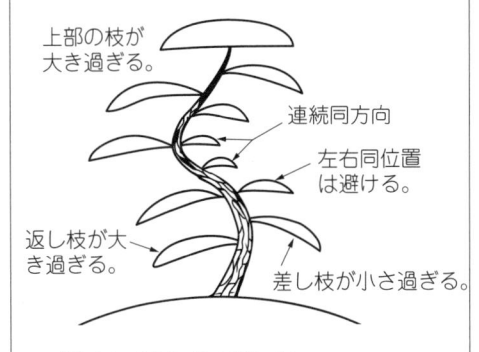

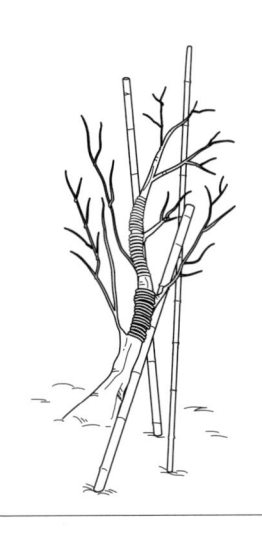

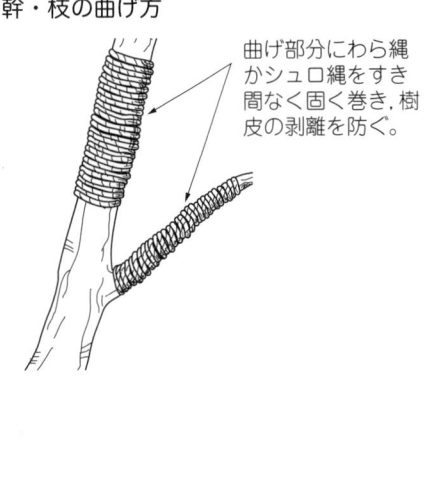

実　習	関連知識
(2) 樹形の下の枝より上部の枝へと誘引していく。 〔中位の枝の曲げ方〕 ①　→水平より下向き ② 3．後片付け (1) 剪定枝の大きなごみは，持ち運びができる大きさに束ね，小さなごみは箕*や袋に入れ処理する。 (2) 使用した道具類は，泥・樹液・のこくずなどを水で洗い流し，乾かしてから保管する。 (3) 刃物は，砥石や目立てやすりで刃を研いで，機械油を塗ってから保管する。	・誘引した枝の下向き枝・車枝・ふところ枝などは元から切り落とし，残す枝を切り詰め剪定する。 ・誘引した枝の上面に左右均等に枝葉の形ができるようにする。 枝の下げ方 ①　2/3　1/3　下げる 目安 大きな枝は 20～25cm 小さな枝は 10～20cm 緩みをもたせる。 〈側枝が多いとき〉 一度に2～3本の枝を引く。 ②　手で押してみて水平に下がるところを探す。 2/3　1/3 よりの間に緩めて差し込む。　〈枝への結束〉 枝の張り具合によって手直しができるよう簡単に解ける結び方がよい。

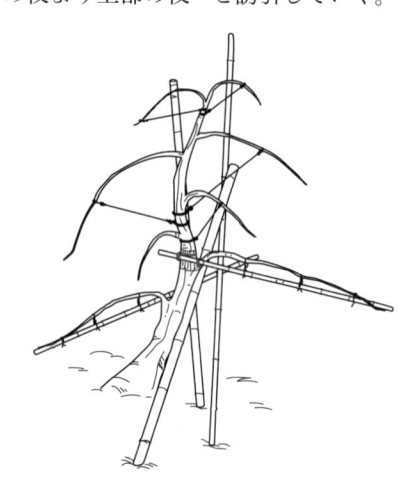

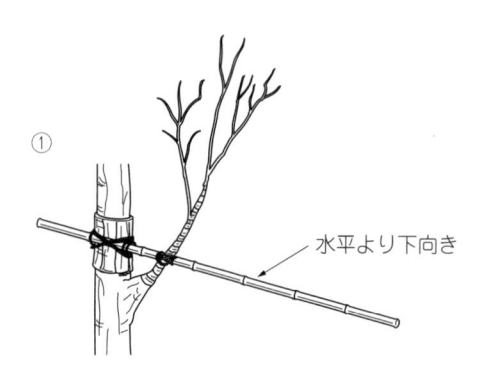

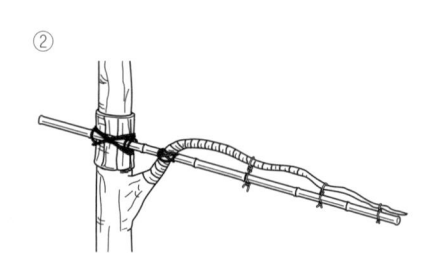

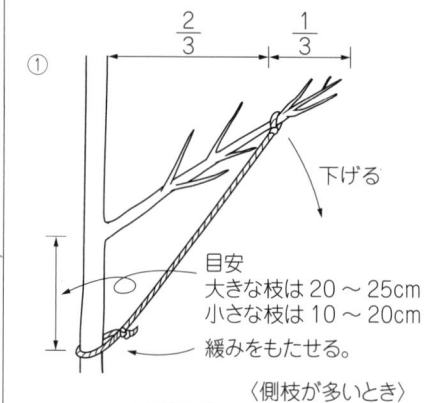

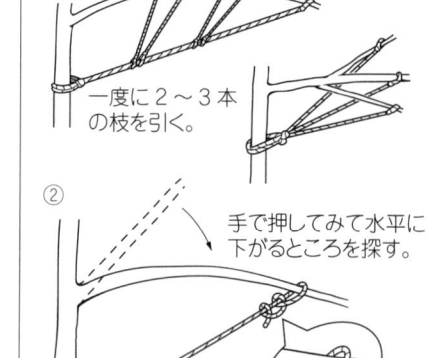

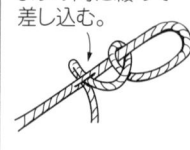

* 箕：タケやフジづるなどを編んでつくられたもので，少量の土やごみなどを運ぶための道具。現在では合成樹脂製のものが市販されている。

訓練課題名	生け垣の仕立て	材　　料
		自然樹形の苗木

1．作業の概要
四つ目垣に苗木を植栽し，生け垣を作製する。

2．作業の準備
道具類：柱・真竹・シュロ縄・釘・かなづち・剣スコップ・竹びきのこぎり・植木ばさみ・巻き尺・突き棒・釘抜き・苗木・ホース・堆肥・化成肥料など

3．作業工程
だいたいの作業手順を理解してから課題に取り組む。

材料・道具類の準備⟶四つ目垣の胴縁までの作製⟶苗木の植えつけ⟶立て子と押縁の結束⟶道具類の後片付け

訓練課題名	生け垣の仕立て	
		自然樹形の苗木

実　習	関連知識
1．胴縁の作製 (1) 穴を掘り，垣根の高さに親柱を埋め込む。埋め込むとき下部より突き固め，垂直に立てる。次に親柱の内側に接するような位置に間柱を親柱より直径分下げた位置で親柱同様に立て込む。 （側面図・平面図　親柱／間柱／境界） (2) 一番上の胴縁を親柱と間柱に釘留めする。次に下の段，そして2段目，3段目の順に釘留めする。 ・間柱と胴縁とをシュロ縄の化粧結びを行う。 （側面図・平面図　胴縁）	・胴縁は，元口^{*1}と末口^{*2}を交互に入れ替えて用いる。
2．苗木の植えつけ (1) 胴縁沿いに30cm間隔に植え穴を掘り，堆肥と化成肥料を底の土壌と混ぜ合わせ，その上に苗木を植える。水ぎめする。 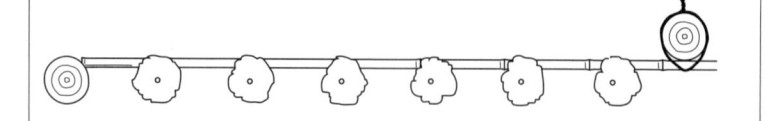	・苗木1本当たり堆肥0.6kg，化成肥料50〜70g [安全] ・施肥時には肥料を吸い込んだり，皮膚につかないようマスク・手袋を着用し，散布する。

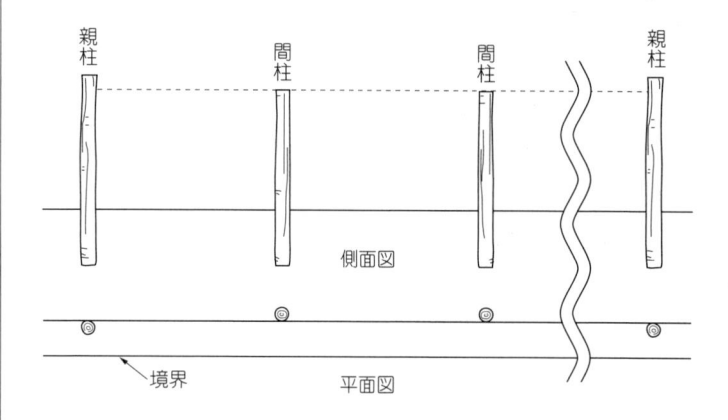

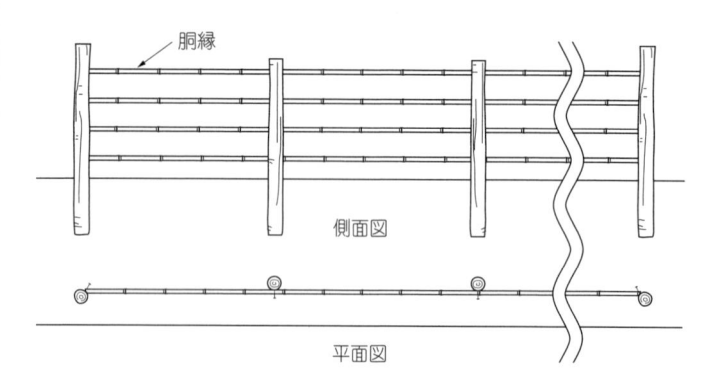

*1　元口（もとくち）：竹の根元の方のこと。
*2　末口（すえくち）：竹の先端の方のこと。

実　習	関連知識
3．立て子と押し縁の結束 (1) 節止めした立て子を苗木の間に立て入れ，押縁の竹を親柱に釘留めする。胴縁と立て子とを一緒にシュロ縄でしっかり結束する。 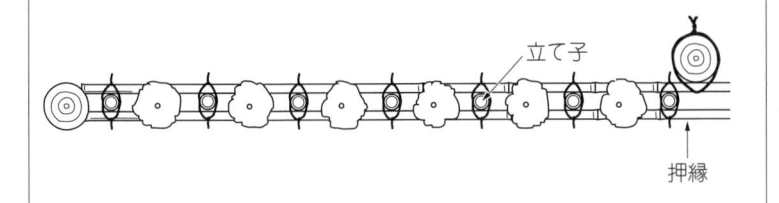 （図：立て子、押縁） 4．後片付け (1) 使用した道具類は，泥・樹液・のこくずなどを水で洗い流し，乾かしてから保管する。	・苗木の枝を胴縁に誘引し，枝先を切り詰める。 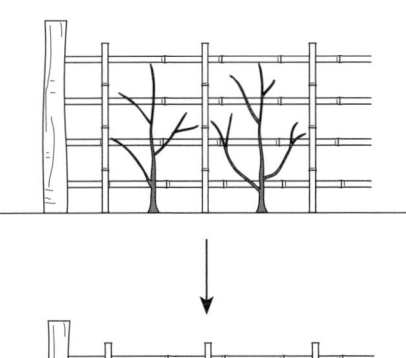

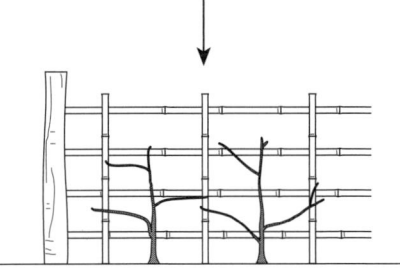

訓練課題名	樹木の刈り込み	材　　料
		生け垣

1．作業の概要
樹木の刈り込みを，生け垣を用いて行う。

2．作業の準備
道具類：刈り込みばさみ・ヘッジトリマー・剪定ばさみ・植木ばさみ・三脚・竹ぼうき・熊手・箕・ブロアー・剣スコップ・堆肥・緩効性成肥料など

3．作業工程
だいたいの作業手順を理解してから課題に取り組む。

材料・道具類の準備 → 生け垣側面の刈り込み → 生け垣上面の刈り込み → 刈り込み枝葉の清掃 → 根切りと施肥 → 道具類の後片付け

訓練課題名	樹木の刈り込み	材　　料

実　習	関連知識
１．生け垣の刈込み (1)　生け垣の側面を下から上部に向けて刈り込む。 (2)　上面から強く伸びた枝及び混み過ぎた枝がある場合は，刈込み面の内部で枝抜き剪定（表３－４参照）を行い，天端（上面）を刈り込む。 切断位置 上面の強い枝の枝抜き (3)　刈り取った枝葉が，生け垣の刈込み面や内部に残らないように清掃する。	・刈込み面の一部を刈り込み，それを基準に刈り込むと均一に刈り込める。 ・刈込みばさみは重いので，重心に近いところを握ると扱いやすい。 ・刈込みばさみの下刃を刈り込み面に当てるとともに，その持ち手の甲も刈り込み面に接するようにし，もう一方の刃を動かして刈ると平らに刈り込める。 ・樹木は上部の生育が良いので，上部を強く刈り込む。 ・角形の場合，側面との角が鋭角になるように心掛ける。 ・正面・裏面・横などから刈込み面を見たとき，やや台形になるようにする。 ・前回の刈込み位置を考慮して刈り込む。しかし，高さ・幅などを維持するため，ときどき深刈りを行う。 生け垣を側面から （-----は仕上り面）

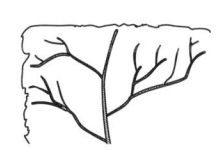

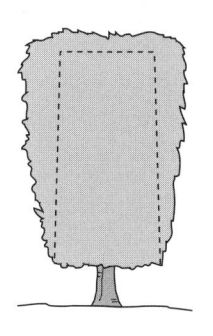

実　習	関連知識
2．根切りと施肥 (1)　1～2年に1回冬の間に，刈り取り面真下から幅30cmの溝を掘り，根を切断する。 (2)　溝の長さ1m当たり堆肥2kg，緩効性肥料100gくらいの見当で把握する。 　　　　　　　　　　根をすべて切断し，堆肥・肥料を 　　　　　　　　　　入れ土壌と混合し埋め戻す。 3．道具類の後片付け (1)　道具類についた泥・ごみ・樹液・のこくずなどは，水で洗い流し乾燥させて保管する。 (2)　刃物は，研いで乾燥させ，長期間使用しないときは，機械油などを塗り保管する。	・堆肥は完熟したものを用いる。 ・化成肥料は，粉状より粒状のものを用い，直接根に接しないように堆肥・土壌とよく混合する。 ［安全］ ・施肥時には，肥料を吸い込んだり，皮膚につかないようマスク・手袋を着用し散布する。

第2節　樹木の移植

　樹木の移植には，植木栽培における移植，庭園・公園・緑地などへの植栽のための移植，またそれらの造園空間内における移植などがあげられる。

　植木栽培における移植は，露地栽培の植木の場合「植え替え」といわれ，2・3年に1回くらいの割りで，掘り取り・根巻き・植え替えの作業が行われる。その目的は，樹形の形成，生育空間の確保及びある一定の大きさの根鉢内に養分・水分を吸収する細根をつくり置くためである。また，コンテナ栽培では，「鉢上げ又は鉢替え」といわれ，生育の旺盛な植木は，1・2年で鉢替えを行う。これを怠ると鉢内に根が充満（根のルーピング）し，生育不良となり，良好な植木にならない。

　庭園・公園・緑地などへの植栽のための移植，またそれらの造園空間内における移植などでは，移植樹木，移植先の環境条件などの調査・根回し・掘り取り・根巻き・運搬・植えつけ・養生などの工程で行われる。

　移植のための調査は，次のような要領で行う。

① 　移植樹木の活力，その場所での生育年数と維持管理の状況を把握する。：根鉢の大きさ，根回しの有無の検討のため。
② 　地形，土質・乾湿，陰陽などの環境条件について，樹木の生育地と移植先地との違いを把握する。：移植時期・根回し・客土・養生方法などを決めるため。
③ 　運搬距離：根巻き方法の検討（乾燥・根鉢の崩れなどの防止→樹木の活着促進）
④ 　運搬経路の調査：運搬可能かどうか，また運搬方法（人力・車両・重機など）の選択のため。
⑤ 　樹木の移植難易：根回し・根鉢の大小・移植時期・養生方法などの検討のため。
⑥ 　移植の適期：樹木の移植の適期は，「根系の伸長が再開する時期・樹木の休眠期・新葉が充実した時期・自然に落葉し始めた時期・落葉後の酷寒の時期」を除いた時期などである。

　東京地方における移植適期は，次のとおりである。

　針葉樹類：2月下旬～4月下旬，6月上旬～7月上旬，9月中旬～10月中旬。

　常緑樹類：3月上旬～4月上旬，6月上旬～7月上旬。

　落葉樹類：10月中旬～12月上旬，2月下旬～4月上旬。

　この節では，樹木の移植についての根回し・掘り取り・根巻き・運搬・植えつけ・養生などについて述べる。

2.1 根回し

根回しは,老大木・貴重な樹木・移植の難しい樹木などを移植する際,移植後の枯損を防ぐため,移植に先立ち根鉢内に若い活力のある細根を人為的に発生させる技法である。

(1) 根回しの方法

 a. 溝掘り式

移植時の根巻きの鉢径より,やや小さめに太根(直径10cm以上)を残して溝を掘り,それらの根を環状剥皮(かんじょうはくひ)*後,根巻きをして埋め戻し,細根の発生を促進する。

 b. 断根式

幹を中心に所定の大きさの根鉢で根を剣スコップ・エンピ・根切りチェーンソーなどで切断する技法である。苗木・中木などに多く用いられる。

(2) 根回しの適期

 ① 針葉樹:3〜4月,9月

 ② 常緑広葉樹:4月下旬〜5月→萌芽前15日くらいの時期

 ③ 落葉樹:(休眠期)3月上旬〜中旬→萌芽直前,9月中旬〜9月下旬→新葉の充実

---

* 環状剥皮:根の発根を促進するため,根の周囲全体の表皮・形成層をある一定の幅で輪状に取り除くこと。

訓練課題名	樹木の根回し	材　　料
		移植樹木

1．作業の概要
　長年移動していない樹木の大木を移植するために，前もって根回しを行って，枯損を防止する。

2．作業の準備
　道具類：剣スコップ・エンピ・パワーショベル・つるはし・剪定のこぎり・剪定ばさみ・植木ばさみ・ナイフ・かま・小づち・イネわら・麻布・わら縄・客土用土・ロープ・梢丸太など

3．作業工程
　だいたいの作業手順を理解してから課題に取り組む。
　　材料・道具類の準備──→溝掘り（下枝の枝おり──→上鉢のかきとり──→根鉢の鉢径の位置出し──→掘り回し）──→根の環状剥皮──→根巻き（たる巻き）──→仮支柱──→根鉢の底掘り──→根の環状剥皮──→揚げ巻き（かがり）──→埋め戻し──→剪定・支柱──→後片付け

訓練課題名	樹木の根回し	

実　　習	関連知識
1．溝掘り (1) 下枝が作業の邪魔になる場合は，幹の方向に枝を押し上げ，縄などで結ぶ。 (2) 上根の上部の土壌を除く（上鉢のかきとり）。 (3) 根鉢の鉢径の位置出し。 (4) 幹を中心に円形になるようにしかも，根鉢の側面は垂直になるように剣スコップ・つるはし・パワーショベルなどを用い溝を掘る。ただし，パワーショベルは対象樹木の周囲に稼働可能な広さがあり，溝掘りの補助手段である。太い根は必ず残す。	・根鉢は，鉢ともいい，掘り下げる根系を包含している土量のことをいう。 ・根鉢の直径は，幹の根元直径の4～5倍が標準である。 ・溝幅は，溝の中で作業するため45cm以上の幅で掘る。 ・根鉢の深さは，側根が見えなくなってからさらに20～30cm深く掘る。 ・パワーショベルで溝を掘る場合は，根鉢を崩したり，根鉢に割れ目を入れないために，根系を持ち上げないように最大限に注意を払う。 [安全] ・道具類は狭い範囲での作業であるため，他人の動きに注意して使用する。 ・パワーショベルは，有資格者が操作する。必ず指示者の指示のもとに操作する。
1．溝掘り	

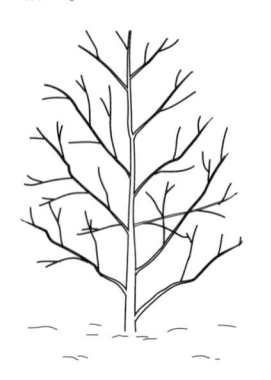

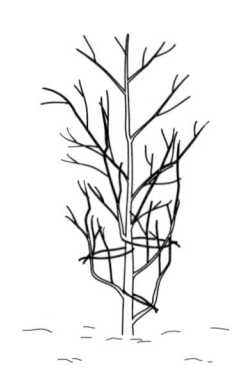

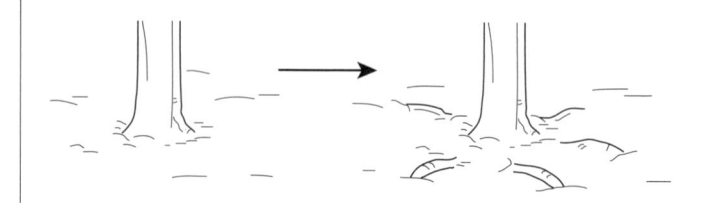

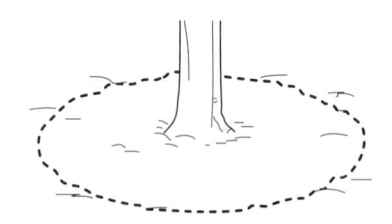

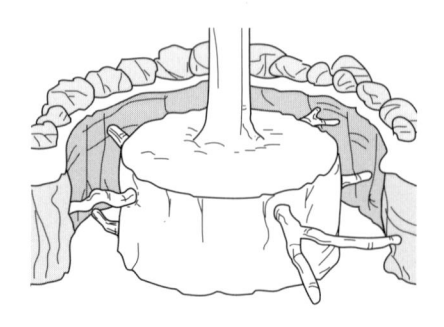

実　　習	関連知識
2．根巻き (1)　残した太い根は，樹木の倒木防止を考えて3〜4方向へ太い根を残して他は鉢側面に沿って切る。残した太根の皮を長さ15cm以上で環状に剥皮する。 (2)　根鉢の側面に沿って垂直にイネわらを薄く並べて仮留めし，その上からわら縄で鉢の上部より下部に向かって円周に沿った縄を引っ張り，さらに他の人が小づちでたたき締めてぐるぐる縄を巻いていくたる巻き（鉢巻き）を行う。 (3)　仮支柱を立てる。	・縄は，一般に2本以上で一緒に使用する。 ・縄は，鉢の上部10cmくらい下から巻き始め，側根のある下部より10cm上部くらいで巻き終り，縄を幹根元に仮留めしておく。 ・縄の巻き間隔は，5cm前後で巻く。

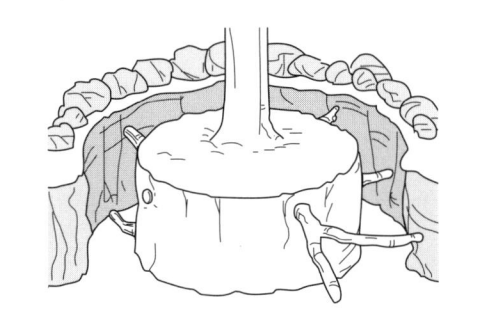

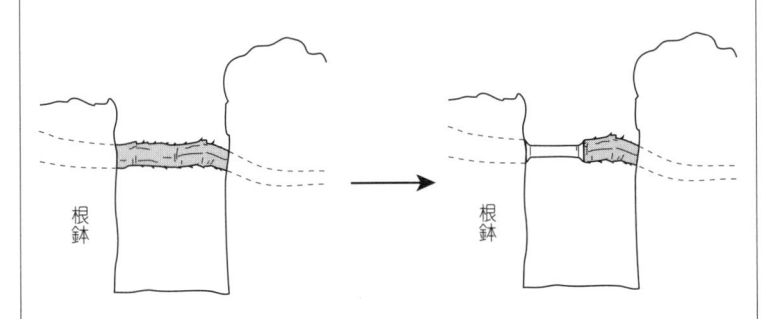

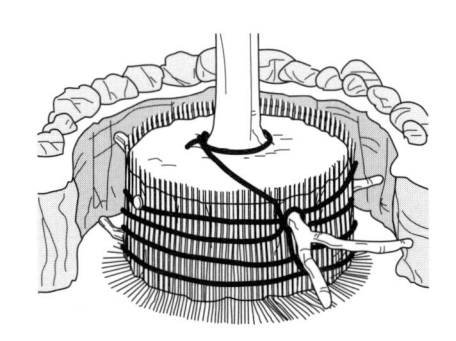

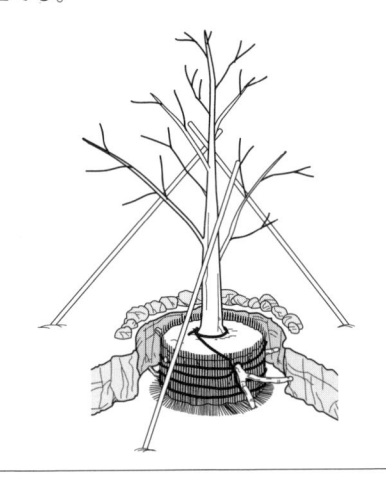

実 習	関連知識
(4) 根鉢の底の部分を中心に向かって，斜めに掘り下げていく。太い根は残す。 (5) 下部へ向かって伸びている太い根も側根と同じように環状剥皮する。 (6) 幹元に仮留めした縄を解き，根鉢表面より側面沿いに鉢底へ縄を配り，引張った縄を根鉢の角を縄が閉まるようにたたき締める。これらの操作を繰り返す揚げ巻き（かがり）を行う。 (7) 肥沃な土をすき間ができないように埋め戻す。	・揚げ巻き（かがり）は，根鉢の表面の縄の掛かり具合によって，三つ掛，四つ掛などと呼ばれる。 ・縄の交点が，根鉢の円周上に来るようにした方が縄の締まりがよくなる。 四つ掛け4回 三つ掛け4回 〔揚げ巻き；根鉢表面の縄掛け模式図〕

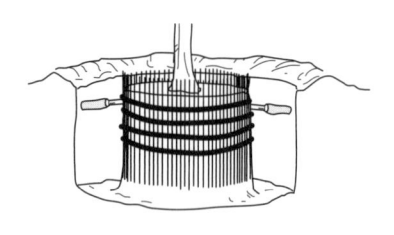

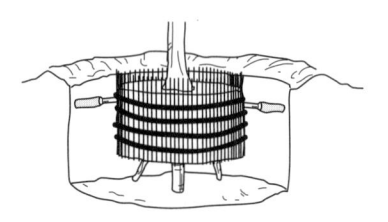

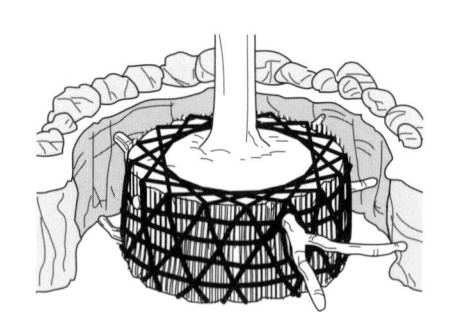

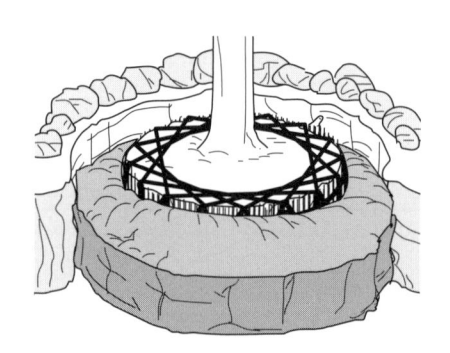

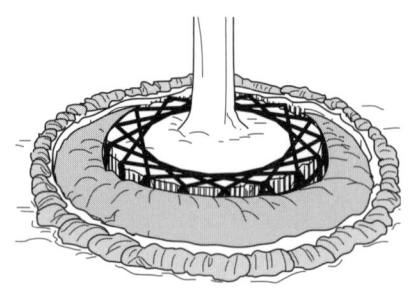

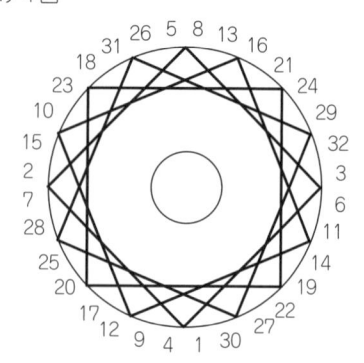

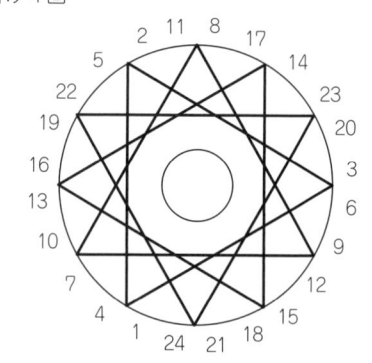

実　　習	関連知識
(8)　剪定，支柱を立てる。 **3．後片付け** (1)　堀り取った後の穴は，埋め戻す。そのとき，わら縄・イネわらなどの小さな切りくずは一緒に埋めてもよいが，根枝・長いわら縄・麻布・その他のごみは取り除く。 (2)　使用した資材の余りは，きれいにまとめて整理する。 (3)　使用した道具類は，泥や汚れを落とし，水洗いできるものは水で洗い流し，乾いた布でふいて乾燥させてから保管する。さびやすいところには機械油などを塗る。 (4)　刃物類は，研いで機械油を塗り保管する。	

2.2 掘り取り

掘り取りは，移植樹木を生育している土地から掘り上げ，運搬できる状態にする作業である。

掘り取りの方法には，根巻き法・振るい法・追い掘り法・凍土法などの方法がある。ここでは，根巻き法による掘り取り手順について述べる。

(1) 灌　水

根と土壌の密着や根鉢の乾燥防止のため，作業の半日～1日前に十分灌水する。

(2) 下枝の枝おりと剪定

a．下枝の枝おり*

掘り取り作業の障害となる枝を，幹方向に引っ張り幹と縛りつけ，作業を円滑に行えるようにする。

b．剪　定

枯れ枝・絡み枝・密生枝などの不要枝を剪定する。

(3) 上鉢のかきとり

根鉢の雑草類の除去と同時に上根の存在や深植えの有無，根張りの方向・分量，根の大小などを知るため，上根の上部の土壌を除く。

(4) 仮支柱

移植樹木が，掘り取り作業中に倒れるのを防ぐため，梢丸太で簡単な八つ掛，ロープなどで仮りの支柱を立てる。

(5) 根鉢の鉢径の決定

根鉢は鉢ともいい，掘り上げる根系を包合している土量のことをいう。

根鉢の直径は，移植樹木の鉢の根元直径を基準に決める。一般に，幹の根元直径の4～5倍とする。苗木・小木の場合は，8～10倍とする。

根鉢の深さは，土壌・根系などの状態によって変わるが，鉢径と同じか少し浅くとる。

(6) 掘り回し

掘り回しは，決定した根鉢の大きさに，剣スコップやパワーショベルなどで根系を根鉢の側面・底部に沿って切断しながら掘ることである。

a．苗木・小木の掘り回し

苗木・小木の掘り回しは，幹を中心に決定した大きさの根鉢の側面を，垂直に側根がなくなるまで掘り下げる。次に根鉢の側面の下部から中心に向けて，剣スコップで斜めに掘り下げて底部をつくり，鉢穴から持ち上げて根巻きを行う。この方法を揚げ巻きという。

b．中木・高木の掘り回し

中木・高木の掘り回しは，幹を中心に決定した大きさの根鉢の側面を，垂直に側根がなく

---

* 枝おり：樹木の掘り取り作業や運搬をするときなどに，枝が障害とならないように幹の周囲に枝を束ねること。

なった場所より，10～20cmくらい深く掘り下げる。次に根巻きのたる巻きを行うが根鉢の側面の下部から中心に向けて，剣スコップで根を切断しながら斜めに掘り下げ，根巻きの揚げ巻きが行えるようにする。

2．3 根 巻 き

　根巻きは，移植樹木の根の乾燥防止・細根の保護・根系と鉢土を密着させるなどのため，掘り回した根鉢をイネわら・わら縄・こも・麻布・麻袋などを用いて，しっかり包んで根鉢が移動中に崩れないように荷造りすることである。

　根巻きは，次の手順で行う。

（1） 中木・高木や根系の発達していない樹木の場合

　① 根鉢の側面がきれいに掘り回った側面をイネわら・こも・麻布・麻袋などで覆い，わら縄などで根鉢の側面上部より水平に根鉢の周囲を巻きながらたたき締め，側根のある下部まで行う「たる巻き」を行う。

　② 根鉢底部の中心の一部を残すように掘り回す。

　③ わら縄で，根鉢の表面→側面→底→側面→表面と巻きながらたたき締め，これを繰り返し行い鉢全体に上下に縄が掛かるよう「揚げ巻き（かがり）」を行う。

　④ 移植樹木を丁寧に倒す。

　⑤ 根鉢より露出した鉢底の根を鋭利な刃物で切りながら，鉢底を形成し，イネわら・麻布などの根巻き資材で露出した鉢底を覆う「鉢底かがり」を行う。

（2） 苗木・小木の場合

　① 枝おりを行う。

　② 根鉢の側面を掘り，次に根鉢の底を掘り，根鉢が崩れないように穴から持ち上げる。

　③ イネわら・こも・麻布・麻袋などで覆い，わら縄などの縄で十文字にたたき締め，さらに繰り返す。一般には，十文字を2回繰り返す八つ掛又はミカン巻きと呼ばれる根巻きを行う。

2．4 運　　搬

　根巻きされた移植樹を植栽する場所まで運搬するには，人力による方法と車両による方法がある。

（1） 運搬方法

　a．人力による方法

　移動距離が短く，移植樹の重量も比較的軽く，機械類が使用できない場合などで，人の肩で担いで運搬するか，二輪・四輪の台車などへ載せて運搬する。

b．車両による方法

クレーンで移動したり，移動距離が長い場合はトラックなどで運搬する。

（2） 運搬のための移植樹木の荷造り

① 幹や枝が，積み込みや運搬中に傷がつかないように，イネわら・こも・麻布・わら縄などで巻き保護する。

② 広がった枝を，運搬の支障にならないように，樹幹に向かって枝を引き絞り，締めつける「枝おり」を行う。梢から根元の枝へと作業を行う。

③ 長距離の運搬や高速道路を使用しての運搬では，乾燥を防ぐため，必ずシートで覆うことが肝要である。

訓練課題名	樹木の掘り取り・根巻き	材　料
		中・大木の移植樹木

1．作業の概要
中木又は大木を移植するために、掘り取り・根巻きをする。

2．作業の準備
道具類：剣スコップ・エンピ・パワーショベル・つるはし・剪定のこぎり・剪定ばさみ・植木ばさみ・小づち・イネわら・麻布・わら縄・客土用土・ロープ・梢丸太など

3．作業工程
だいたいの作業手順を理解してから課題に取り組む。

材料・道具類の準備→溝掘り（下枝の枝おり→植鉢のかきとり→根鉢の鉢径の位置出し→掘り回し）→根の環状剥皮→根巻き（たる巻き）→仮支柱→根鉢の底掘り→根の環状剥皮→揚げ巻き（かがり）→樹木の倒し→鉢底の成形と鉢底かがり→後片付け

実 習	関連知識
1．溝掘り (1) 下枝が作業の邪魔になる場合は，幹の方向に枝を押し上げ，縄などで結ぶ。 (2) 上根の上部の土壌を除く（上鉢のかきとり）。 (3) 根鉢の鉢径の位置出し。 (4) 幹を中心に円形になるように，しかも根鉢の側面は垂直になるように根は必ず根鉢の側面に沿って鋭利な刃物で切る。	・溝幅は，溝の中で作業するため45cm以上の幅で掘る。 ・根鉢の深さは，側根が見えなくなってからさらに20～30cm深く掘る。 ・縄鉢の深さは，側根が見えなくなってからさらに20～30cm深く掘る。 ・縄は，一般に2本以上で一緒に使用する。

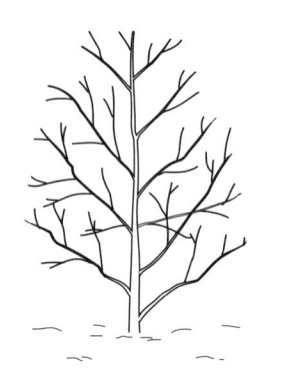

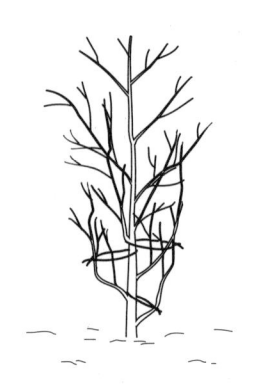

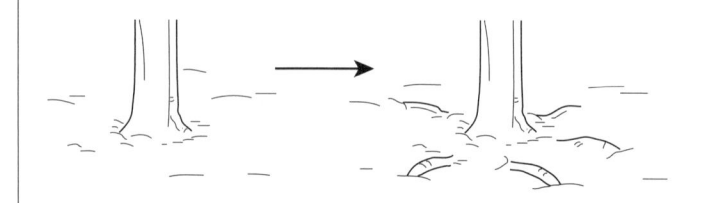

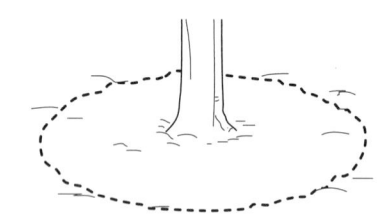

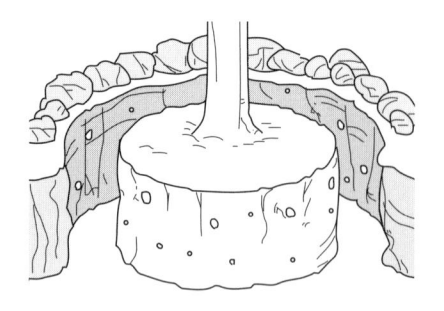

実　習	関連知識
2．根巻き (1) 根鉢の側面に沿って垂直にイネわらを薄く並べ仮留めし，その上からわら縄で鉢の上部より下部に向かって円周に沿った縄を引っ張り，さらに他の人が小づちでたたき締めてぐるぐる縄を巻いていくたる巻き（鉢巻き）を行う。 (2) 仮支柱を立てる。 (3) 根鉢の底の部分を中心に向かって，斜めに掘り下げていき，中心部の一部を残す。 (4) 幹元に仮留めした縄を解き，根鉢表面より側面沿いに鉢底へ縄を配り，引っ張った縄を根鉢の角を縄が締まるようにたたき締める。これらの操作を繰り返す揚げ巻き（かがり）を行う。	・縄は，鉢の上部10cmくらい下から巻き始め，側根のある下部より10cm上部くらいで巻き終わり，縄を幹根元に仮留めしておく。 ・縄の巻き間隔は，5cm前後で巻く。 ・揚げ巻き（かがり）は，根鉢の表面の縄の掛かり具合によって，三つ掛け，四つ掛けと呼ばれる。 ・縄の交点が，根鉢の円周上にくるようにした方が縄の締まりがよくなる。

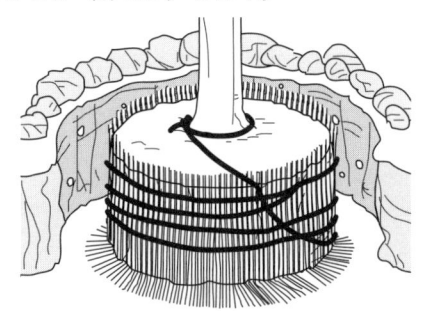

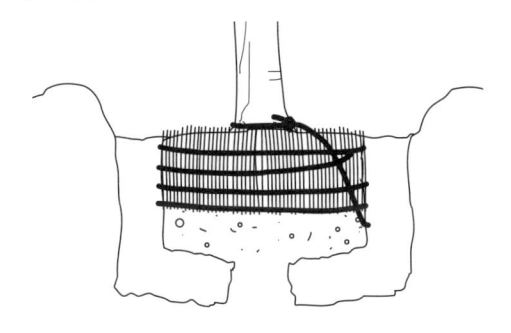

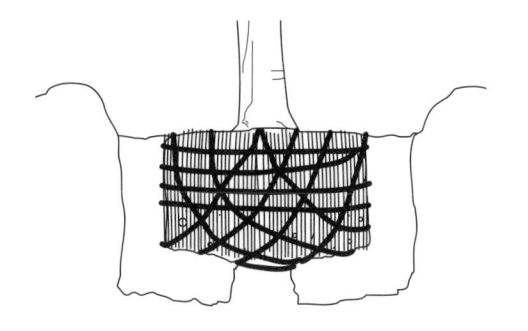

実　習	関連知識

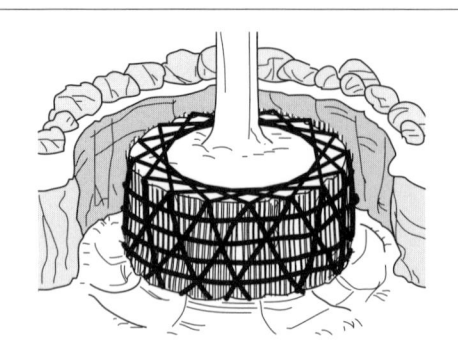

(5) 樹木を静かに倒す。

(6) 根鉢の露出した底の部分の根を切断しながら剣スコップなどで整形する。

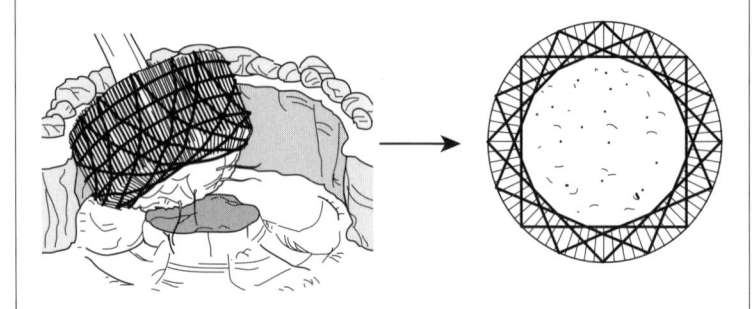

(7) 露出した鉢底を，イネわら・麻布などの根巻き資材で覆い，揚げ巻き（かがり）した縄の交点を同じ本数の縄で結んでいき鉢底をかがる。

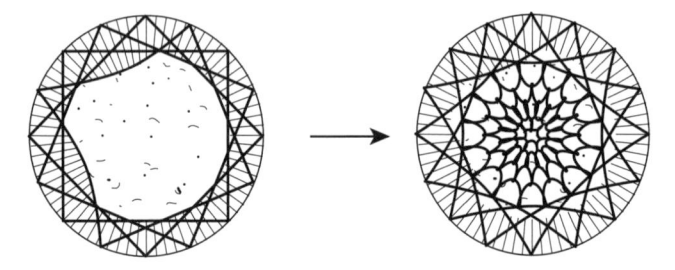

3．後片付け
(1) 掘り取った後の穴は，埋め戻す。そのとき，わら縄・イネわらなどの小さな切りくずは，一緒に埋めてもよいが，根・枝・長いわら縄・麻布・その他のごみは取り除く。
(2) 使用した資材の余りは，きれいにまとめて整理する。
(3) 使用した道具類は，泥や付着した汚れなどを水で洗い流し，乾いた布でふいて乾燥させてから保管する。さびやすいところには機械油などを塗る。
(4) 刃物類は，刃を研いで機械油を塗り保管する。

訓練課題名	樹木の掘り取り・根巻き	材　　料
		苗木，小木の移植樹木

1．作業の概要
苗木・小木を移植するために，掘り取り・根巻きをする。

2．作業の準備
道具類：剣スコップ・エンピ・剪定のこぎり・剪定ばさみ・植木ばさみ・小づち・イネわら・麻布・わら縄など

3．作業工程
だいたいの作業手順を理解してから課題に取り組む。

材料・道具類の準備 ⟶ 下枝の枝おり ⟶ 上鉢のかきとり ⟶ 根鉢の掘り取り ⟶ 根巻き ⟶ 後片付け

訓練課題名	樹木の掘り取り・根巻き	材　　料
		苗木，小木の移植樹木

実　習	関連知識
1．溝掘り (1)　下枝が作業の邪魔になる場合は，幹の方向に枝を押し上げ，縄などで結ぶ。 (2)　上根の上部の土壌を除く（上鉢のかきとり）。 (3)　根鉢の鉢径の位置出し。 (4)　幹を中心に円形になるように，しかも根鉢の側面は垂直になるように溝を掘る。根は必ず根鉢の側面に沿って鋭利な刃物で切る。	・根鉢の深さは，側根が見えなくなるか，鉢の直径と同じくらい深く掘る。

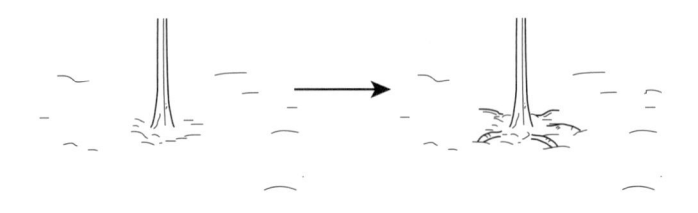

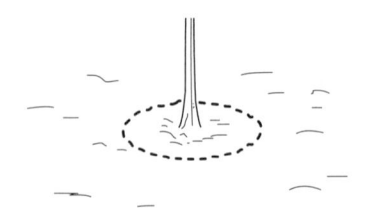

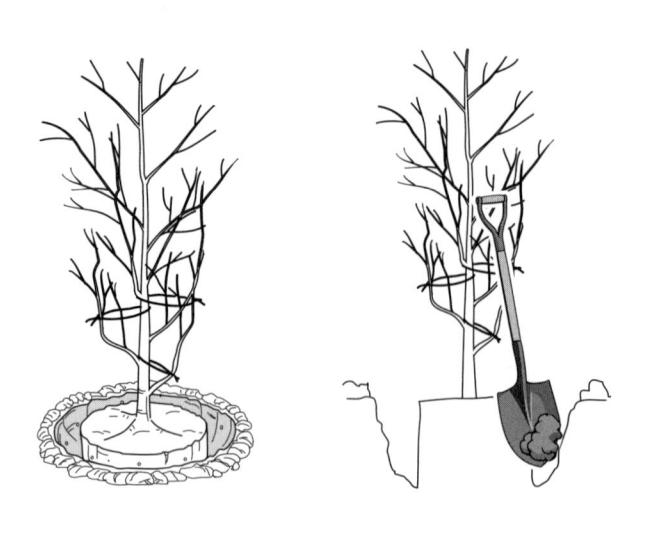

実　　習	関連知識

(5) 根鉢の側面の底部より鉢底を円周沿いに斜めに中心に向かって掘る。

2．根巻き（揚げ巻き）
(1) 根鉢を静かに剣スコップの上に載せるか，根鉢を両手で静かに抱えて掘り穴より取り出し，根巻きにかかる。

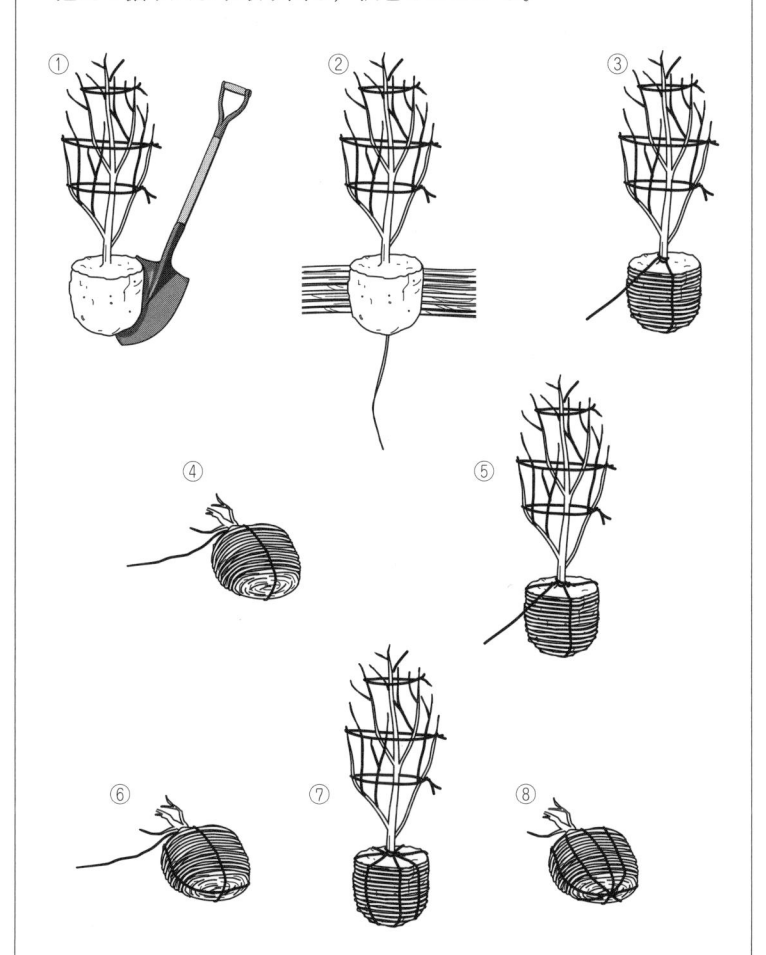

3．後片付け
(1) 掘り取った後の穴は，埋め戻す。そのとき，わら縄・イネわらなどの小さな切りくずは，一緒に埋めてもよいが，根・枝・長いわら縄・麻布・その他のごみは取り除くこと。
(2) 使用した資材の余りは，きれいにまとめて整理する。
(3) 使用した道具類は，泥や付着した汚れなどを水で洗い流し，乾いた布でふいて乾燥させてから保管する。さびやすいところには機械油などを塗る。
(4) 刃物類は，刃を研いで機械油を塗り保管する。

・根鉢の深さは，側根が見えなくなるか，鉢の直径と同じくらい深く掘る。

2.5 植えつけ

　根巻きされ，運搬されてきた樹木は，できるかぎり早く植えつけることが，その後の樹木の生育によい結果をもたらす。

　植えつけの手順は次のとおりである。

(1) 植え穴掘り

　植え穴は，移植樹木の根鉢より一回り大きく，側面は垂直に掘る。植え穴の底には，軟らかい土壌を円すい状に置く。

　機械掘りの植え穴は，土壌表面が圧縮され透水性が悪くなる傾向が見られるので，剣スコップで表面を砕く必要がある。

(2) 立て込み（立入れ）

　移植樹木を植え穴に植えつけることである。

　枝おりを外し，視点より見て良好な形状を示すように植えつける。

　移植樹木の根鉢の表面が，周囲の土壌表面より低く（深植え）ならないように注意する。

(3) 埋め戻し

　掘った植え穴と根鉢とのすき間に，掘り上げた土壌又は客土を埋め戻すことである。

　植え穴の埋め戻しの方法には，水ぎめ法と土ぎめ法とがある。

　a．水ぎめ法

　植え穴の深さの$\frac{1}{2}$くらい土壌を埋め戻したら，水を注いで泥水とし，棒などで突きながら，根鉢の周りに埋め戻しの土壌が十分に行き渡るようにする。根鉢の表面まで埋め戻すまでこの作業を繰り返す。

　表土近くの埋め戻しのときには，植え穴の外周沿いに，注入した水が流れ出さないように堤（これを「水鉢」という。）をつくる。

　b．土ぎめ法

　植え穴の埋め戻しの土壌を，根鉢の周りにすき間ができないように棒などで突きながら少しずつ埋め戻す。埋め戻しには一切水を使用しない。埋め戻しが終了してから水鉢をつくる。

訓練課題名	樹木の植えつけ	材　　料
		移植樹

1．作業の概要
掘り取り，根巻きされた移植樹の植えつけをする。

2．作業の準備
道具類：剣スコップ・パワーショベル・三又・チェーンブロック・クレーン・三脚・剪定のこぎり・植木ばさみ・梢丸太・ロープ（仮支柱用）・ホース・突き棒など

3．作業工程
だいたいの作業手順を理解してから課題に取り組む。

材料・道具類の準備 ⟶ 植え穴掘り ⟶ 移植樹の立て込み ⟶ 植え穴の埋め戻し（水ぎめ法による）⟶ 根巻き ⟶ 後片付け

訓練課題名	樹木の植えつけ	材　　料
		移植樹

実　習	関連知識
1．植え穴掘り (1)　剣スコップ・パワーショベルなどで，移植樹木の根鉢より一回り大きく植え穴を掘る。 2．植えつけ (1)　植え穴の底に，中央部が高くなるように細土を入れ，その上に根鉢を置くように植えつける。 (2)　植えつけ樹木の位置が確定したら中・高木の場合は仮支柱を立てる。 (3)　移植樹木の根鉢と植え穴の溝に土壌を埋め戻し，植え穴の外周上に水鉢をつくる。水鉢内の植え穴に水を注ぎ泥水状にし，根鉢との間にすき間ができないように植えつける。乾燥期でないときは，水ぎめの水が土壌に吸収された段階で水鉢の土を平らにならす。	・植え穴は，円柱状に掘る。円すい状に掘ると根鉢が植え穴の側面の途中で止まり，鉢底にすき間ができて生育を阻害する。

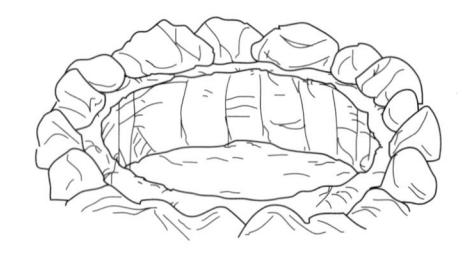

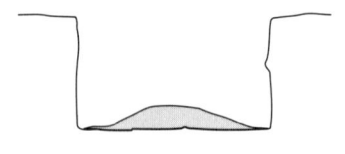

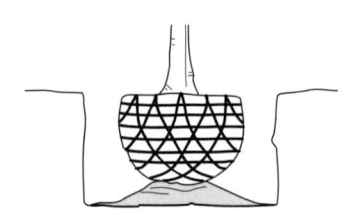

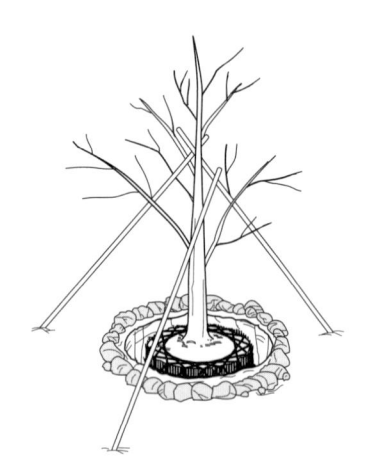

実　　習	関連知識
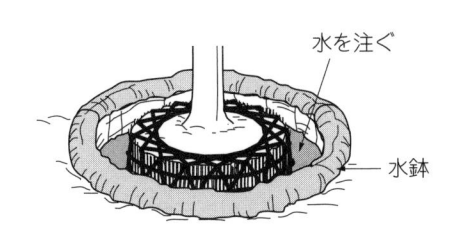 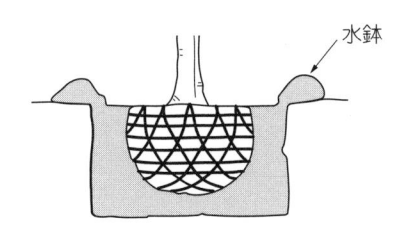 （図：水を注ぐ／水鉢） （図：水鉢の断面） **3．後片付け** (1)　剪定した枝や他のごみなどを片付ける。 (2)　使用した道具類は，泥や汚れを丁寧に落とす。水洗いできるものは水で洗い流し，乾いた布でふいて乾燥させてから保管する。さびやすいところには機械油などを塗る。 (3)　刃物類は，刃を研いで機械油を塗り保管する。	

2.6 養　　生

植えつけ後の移植樹木の活着・生育などの促進のため，支柱・幹巻き・剪定などの養生を必要とする。

(1) 支　　柱

支柱の目的は，移植された樹木の倒伏防止，風による根鉢の揺れを防ぎ，植栽土壌の割れを防止するなど樹木の活着を促進するため，及び傾斜した幹・横臥(おうが)[*1]した大枝などの維持保護のためなどである。

a．支柱の種類

1) 添え木（添え柱）

幹沿いに立て，梢を保護する。苗木・幼木などに用いる。

2) 鳥居型支柱

植栽地の狭い場所，人通りの多い場所などの独立木・並木・街路樹などの幹に，神社の鳥居のような形状で取りつける。

① 二脚鳥居：幹周り15～40cmの樹木
② 三脚鳥居：幹周り30～50cm・樹高4～5mの樹木
③ 十字鳥居：幹周り40～50cm・樹高5m以上の樹木
④ 二脚鳥居組合せ：幹周り50～120cm・樹高5m以上の樹木

3) 八つ掛支柱

大規模な植栽地の樹木や大木に用いられる。

① 三脚（唐竹）：幹周り10～20cm・樹高3～4mくらいの樹木
② 三脚（丸太）：幹周り15～90cm・樹高4m以上の樹木
③ 四脚：幹周り90cm以上の大木

4) 布掛け支柱

植栽地の植栽間隔が狭いか列植(れっしょく)[*2]された樹木に用いられる。

① 布掛け（唐竹）：幹周り20cm以下の樹木
② 布掛け（丸太）：幹周り15～50cmの樹木

5) 方　　杖

傾斜した幹や横臥した大枝などの保持のために用いられる。

6) 地中埋設型

地中で根鉢をベルト・アンカー・ワイヤーなどで固定する。幹周り40cm以上の樹木に用いる。

---

* 横　臥：横たえること。
* 列　植：一直線に連なって植えること。

b．支柱材と取付け位置

1）支柱材

支柱材は，梢丸太・唐竹・ワイヤーなどがよく使われるが，最近では，鉄・アルミ製などの既製品や地中埋設型に使われるベルト・アンカーボルト・ワイヤーなどもある。

2）支柱の取付け位置

支柱の取付け方向は，植栽地の主に風の吹く方向に耐えるように位置を決める。

支柱の樹木への取付け位置は，

① 鳥居型：幹の地上より1m前後の高さに据えつける。
② 八つ掛：主幹の地上から樹高の$\frac{1}{2}$〜$\frac{1}{3}$の位置に据えつける。
③ 布掛け：主幹の地上から樹高$\frac{1}{3}$〜$\frac{1}{2}$の位置に据えつける。

となる。

3）樹木に対する養生

支柱材が直接樹木の幹・枝などに当たる場所では，必ず杉皮又はこれに代わる当てもの（養生材）をする。

（2）剪　　定

植えつけ，運搬作業中に傷つけたり折った枝や枯れ枝・その他の不要枝を剪定する。

（3）幹 巻 き

植栽環境が変わるとともにかなりの根が切断されているため，養水分の供給が不足気味になり，暑さ・寒さ・乾燥・病虫害などの抵抗性が弱くなるため，それらを保護するため幹をわら・わら縄・麻布などで巻いたり，根鉢の表面をマルチング*したり，樹木全体を寒冷紗などで覆ったり，防風ネットを設けたりして養生する。

---

* マルチング：土壌水分を保たせたり，土壌の軟らかさを保たせたり，雑草などの発生を防ぐなどの目的のため，土の表面をイネわら，ビニール，樹木のチップくず，麻布その他の物などで覆うこと。

訓練課題名	樹木の幹巻き（わらによる）	材　　料
		移植樹木

1．作業の概要
移植樹木のわらによる幹巻きを行う。

2．作業の準備
道具類：ホーク・植木ばさみ・わら縄・シュロ縄・三脚・植木ばさみ・バケツなど

3．作業工程
だいたいの作業手順を理解してから課題に取り組む。

材料・道具類の準備 ⟶ 幹巻き用わらの準備 → 幹巻き用わらの仮留めと据え付け ⟶ 幹巻き用わらの結束 ⟶ 後片付け

実　習	関連知識
1．幹巻き (1) イネわらの刈り取り束の下部の葉鞘*¹を取り去り、きれいな稈*²を出す（通常はかま取りという）。そして、片手で持てるくらいの小束にする。 (2) 幹の下部に幹の周囲に一定の厚さ（1 cm前後）でわらが配分される量に相当するわらの小束を根本を下にして仮留めし（①）、その後、小束を結束したものを解き、わらを幹の周囲に回す（②）。次に、その上に穂先を下にしたイネわらの小束を同様に仮留めし（③）、前と同じように幹の周囲に回す（④）。これを繰り返し行う。太い枝にも行う。	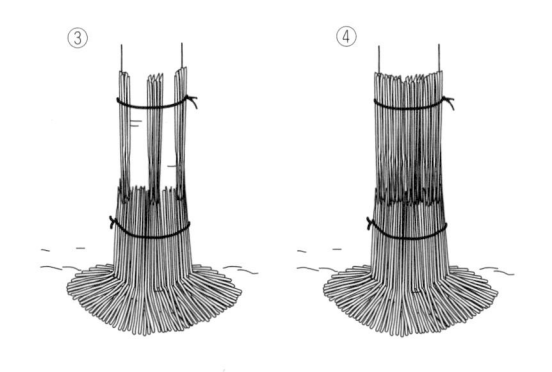

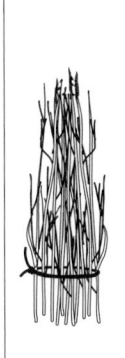

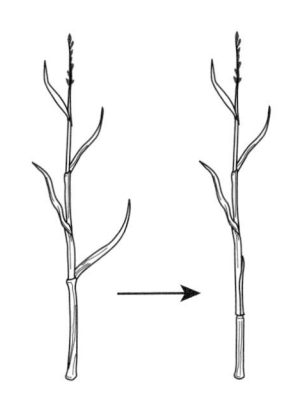

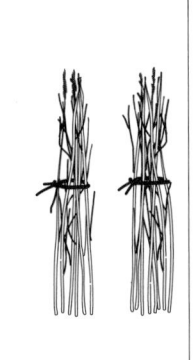

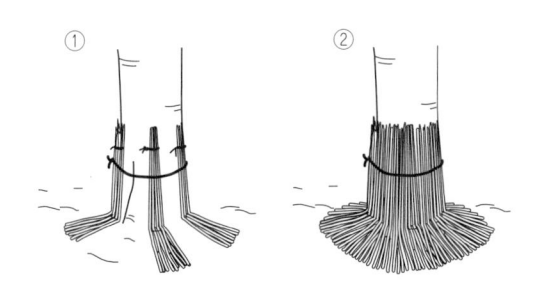

＊1　葉鞘：イネ科の葉の部分が筒状に変化した部分で、養分の貯蔵や茎を囲って保護する働きがある。
＊2　稈：イネ科植物の中空な茎のことをいう。

実　　習	関連知識
(3)　イネわらが幹・枝の周囲に仮留めが終了したら，シュロ縄2本取りで幹の上の方から一定の間隔（10cm前後を目安）で下部へ巻いていくのが本来の方法であるが，最近では植えつけ前に幹巻きをする場合が多く，この場合は根元から梢に向かってシュロ縄2本取りで巻いていく。 　　　　仮留め終了　　　　　　シュロ縄による結束 2．後片付け (1)　はかま取りしたイネわらや仮留めに使用したわら縄などのくずは，焼却するか，敷きわらや堆肥の材料にするなどして片付ける。 (2)　使用した道具類は，泥や汚れを丁寧に落とす。水洗いできるものは水で洗い流し，乾いた布でふいて乾燥させてから保管する。さびやすいところには機械油などを塗る。 (3)　刃物類は，刃を研いで機械油を塗り保管する。	

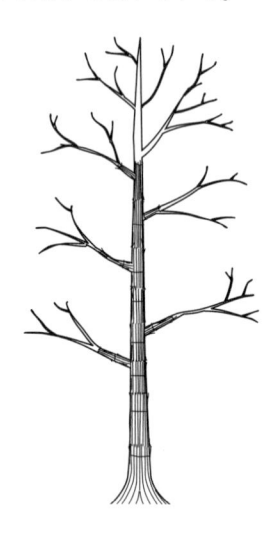

訓練課題名	樹木の八つ掛け支柱	材　　料
		移植樹木

1．作業の概要
移植樹木に対する八つ掛けを行う。

2．作業の準備
道具類：梢丸太・根ぐい・シュロ縄・剣スコップ・植木ばさみ・小づち・養生材（杉皮，その他）・三脚・バケツ・針金・釘・ベンチ・かなづち・釘抜きなど

3．作業工程
だいたいの作業手順を理解してから課題に取り組む。

材料・道具類の準備 ─→ 支柱材の仮置き ─→ 樹木への養生材の据え付け ─→ 支柱材の結束 ─→ 後片付け

訓練課題名	材　　料
	移植樹木

実　　習	関連知識

1．支柱材の仮置き
(1) 梢丸太を移植樹木の幹を中心に三方に均等になるように組む。そのとき，必ず幹に1か所，他の丸太と1か所以上，特に1本の丸太は他の丸太2本と接するように組む。

(2) 丸太の根元を土に埋め込み，再度丸太の組み方に支障がないか確認する。

2．支柱材の結束
(1) 丸太が当たる部分の幹・枝に杉皮などの養生材を1周巻き仮留めをする。

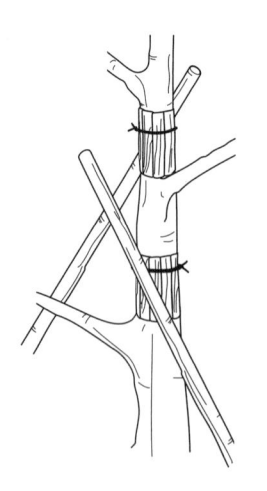

実　　習	関連知識

1．支柱材の仮置き
(1) 梢丸太を移植樹木の幹を中心に三方に均等になるように組む。そのとき，必ず幹に1か所，他の丸太と1か所以上，特に1本の丸太は他の丸太2本と接するように組む。

実　　習	関連知識
(2) 丸太と幹・枝とをシュロ縄2本使いで3回巻き，2回割縄を入れて締めて結束する。 (3) 丸太どうしもシュロ縄で結束していたが，最近では，釘で打ちつけ，針金で結束する。 釘留め 針金結束 (4) 丸太の根元近くに根ぐいを打ち込み，釘で打ち付け針金で結束する。	・3回巻いた縄を割縄*できつく締める。 割縄 ・根ぐいの先は，幹の方向に向ける。

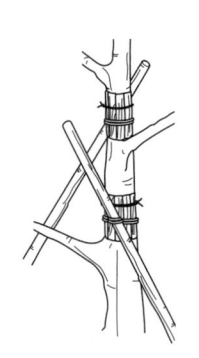

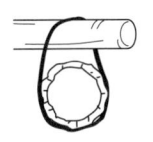

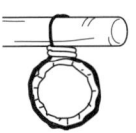

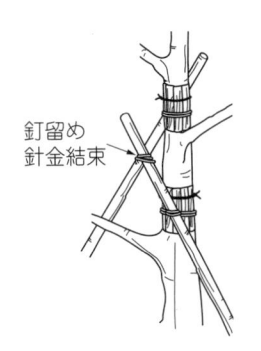

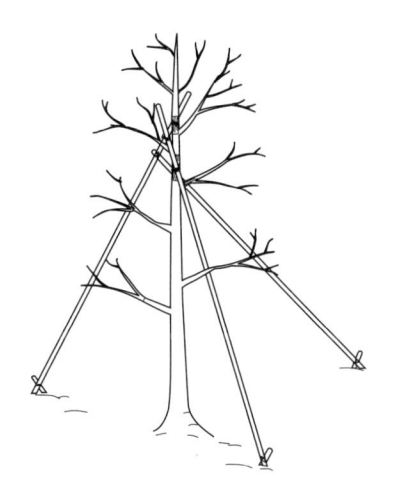

3．後片付け
(1) シュロ縄・養生材・針金などの切りくずや余った資材を片付ける。
(2) 使用した道具類は，泥や汚れを丁寧に落とす。水洗いできるものは水で洗い流し，乾いた布でふいて乾燥させてから保管する。さびやすいところには機械油などを塗る。
(3) 刃物類は，刃を研いで機械油を塗り保管する。

*　割　縄：物と物をしっかり締めつけるため，物と物とを結んだ縄に直交して入れる縄のこと。

―― **学習のまとめ** ――

- 樹木をどの様な形状（樹形）につくり上げるかが，「樹木の仕立て」である。一般には，自然の樹形を参考にし，生育環境に適合した樹形に仕立てるか又は完全に人工的な形に仕立てる。そしてその樹形を維持させるのが，樹木の維持管理である。
- 樹木は，樹齢・生育特性及び気候・土壌等の環境条件などによって独特の樹形を示す。
  樹形は，幹・枝・葉蔟・枝と葉蔟でつくられる樹冠などによって構成される。
- 樹形を仕立てたり，樹形を維持するために，整姿・剪定，刈り込み，誘引などの維持管理作業が行われる。
- 剪定の主な技法には，枝おろし・枝透かし・切り返し・切り詰め・刈り込みなどがある。
- 樹木の整姿は，幹・枝などを目的の方向に誘引し，目的の姿に樹形をつくることである。
- 樹木の移植は，既存樹木を掘り取り，他の場所に植えつけ，その新たな場所で健全な生育を継続させることである。
- 樹木の移植には，既存樹木の維持管理の調査（いつ植栽されたか，どのような管理がされていたか，気候・土壌等の環境条件など），移転先の環境調査を行う。
- 樹木の移植に先立ち，根回し・掘り取り・根巻き・運搬・植え付け・養生などの作業工程がある。
- 根回しは，老大木・貴重な樹木・移植困難な樹木などを移植する際に，移植後の枯損を防ぐために，移植に先立ち根鉢内に若い活力のある細根を人為的に発生させる技法で，溝掘り法と断根法の2つがある。
- 掘り取りは，移植する樹木を生育している土地より掘り上げ・運搬できる状態にする作業で，その方法には，根巻き法・ふるい法・追い掘り法・凍土法などがあるが，通常は根巻き法による。
- 根巻き法は，移植樹木の「根の乾燥防止・細根の保護・根系と鉢土とを密着させる」などのため，掘り回した根鉢をわら・わら縄・わらこも・麻布・麻袋などでしっかり包み，移動中に根鉢が崩れないように荷造りすることである。
- 植えつけは，植え穴への土の埋め戻しの方法により，水ぎめ法と土ぎめ法とがあり，通常は水ぎめ法で行う。
- 植えつけ後の移植樹木の活着・生育促進のため，支柱・幹巻き・根元のマルチング・剪定などの養生を行う。

練習問題

1．樹木の剪定をするときの不要枝の名称を5つあげなさい。

2．整枝・剪定の目的を3つあげなさい。

3．次の文について，正しいものには○印を，誤っているものには×印をつけなさい。

　(1) 同一方向に近接して枝が重なるように剪定する。

　(2) 逆さ枝は必ず剪定する。

　(3) 切り返し剪定は，長枝の途中から出ている短枝を根元から切ることである。

　(4) 刈り込みは，樹冠の新生枝を芽の位置に関係なく，刈り込みばさみで切り詰めることである。

　(5) 冬季剪定は，樹木への影響が少ない。

4．次の文章は，樹木の移植についての記述である。①～⑨に正しい語句を記入しなさい。

　植木栽培における移植の目的は，（　①　）の形成，（　②　）の確保及びある一定の大きさの（　③　）に養分・水分を吸収する（　④　）をつくり置くためである。

　樹木の移植の適期は，根系の伸長が（　⑤　）する時期，樹木の（　⑥　），（　⑦　）が充実した時期，自然に（　⑧　）し始めた時期，（　⑧　）後の（　⑨　）の時期を除いた時期などである。

第4章

芝生と花壇の造成

この章では，芝生と花壇の造成と維持管理についての基本的な事柄について述べる。

第1節　芝生の造成と維持管理

　芝生は，植物にとって過酷な環境条件下の海岸地帯などに生えている草丈の低いイネ科植物や，山野の放牧地に生え，家畜に草食され草丈が低く抑えられているイネ科植物及び刈り込みなどにより人為的に草丈を低く抑えても生育可能なイネ科植物を用い，地表面を低く覆った場所や状態のことである。これらのイネ科植物を芝草と呼んでいる。

　芝生は，庭園・公園・競技場・ゴルフ場・工場・道路・空港・墓園・堤防など多くの場所で設けられ，利用されている。

　芝生は，砂塵の飛砂防止，雨水や霜などによる地表面のぬかるみ防止，転倒時の傷害の軽減，土壌浸食の防止，微気象の環境条件を良好にする，目に優しく心理的に気分を和らげるなど様々な効果が認められる。

　この節では，芝生の造成と維持管理について述べる。

1.1　芝草の種類と特性

　一般に，芝生の種類は，日本に古来より自生している日本芝（暖地型芝草[*1]）と欧米より近代に移入された西洋芝（寒地型芝草[*2]，暖地型芝草）に大別することができる。

　日本芝は，シバ属（Zoysia，暖地型芝草），西洋芝は，ベントグラス類（Agrostis spp.）・ブルーグラス類（Poa spp.）・フェスク類（Festuca spp.）・ライグラス類（Lolium spp.）などの寒地型芝草とバミューダグラス類（Cynodon spp.）の暖地型芝草に属する種類があげられる。

　これらの芝草の主な種・園芸品種を次にあげる。

(1)　シ バ 属

　日本に自生するシバ属が主である。その特性は，草丈が低く，ほふく茎[*3]で繁殖する多年草

[*1]　暖地型芝草：冬期間地上部が枯れる芝草。
[*2]　寒地型芝草：周年緑を保つ芝草。
[*3]　ほふく茎：直立茎より変化したものと見られ，茎が地上をはうか地下をはう。一定の間隔で節を持ち，不定芽・不定根を出す。

で，日本では冬期間地上部が枯れ，芝生の景観は黄褐色となる。性質は強健で日照を極めて好み，耐暑性・耐乾性があり，排水良好な土壌を好む。

なお，ノシバには，種子繁殖できる園芸品種が販売されている。

表4－1に主な種類を示す。

表4－1 日本芝の主な種類

種類（植物学上）	利用上の名称	利用場所
シバ（Zoysia japonica）	ノシバ	法面・堤防・公園・庭園・墓園・飛行場など
ハリシバ（Z. matrella）	コウライシバ（高麗芝）	公園・広場・庭園・運動競技場・ゴルフ場・墓園など
コウライシバ（Z. tenuifolia）	ビロードシバ	観賞用・庭園の小面積の芝生

（2） ベントグラス類

ベントグラス類は，欧米から移入された常緑性の多年草でゴルフ場のグリーンを中心に広く使われている。種子繁殖を行い叢生する。

性質は強健で，冷涼な湿潤地を好み，耐暑性・耐乾性・耐病性に弱く，日本の夏の高温多湿の気候に弱いので，きめ細かい維持管理作業が必要である。日本では北海道をはじめ冷涼地に適する。主な種類を表4－2に示す。

表4－2 ベントグラスの主な種類

種 類	主 な 品 種	利 用 場 所
ベルベットベントグラス（Agrostis canina）	キングスタウン・カーンウッド・パイパーなど	冷涼な地域の庭園
コロニアルベントグラス（A. tenuis）	アストリア・ハイランド・エクセターなど	冷涼な地域の公園・競技場・庭園など
クリーピングベントグラス（A. palustris）	シーサイド・ペンクロス・ペンイーグル・ペンリンクス・エメラルド・パターなど	ゴルフ場のグリーン・冷涼な地域の公園・庭園・集合住宅地など

（3） ブルーグラス類

ブルーグラス類は，欧米より移入された常緑性で，ほふく茎を有する強健な多年草である。種子繁殖を行い叢生する。湿潤で冷涼な地域を好み，耐寒性・耐陰性は大であるが，高温には弱い。北海道での一般的な芝草である。主な種類を表4－3示す。

表4－3 ブルーグラスの主な種類

種 類	主 な 品 種	利 用 場 所
ケンタッキーブルーグラス（Poa pratensis）	デルタ・ブリストル・パーク・ケンブル・ミッドナイト・ノースター・バルセロナ・アワードなど	寒冷地の庭園・公園・空港・墓園・競技場・堤防・ゴルフ場（グリーンを除く）
ラフストークドメドウグラス（P. trivialis）	ダサス・ポリス・レーザーなど	日陰地の芝生用
カナダブルーグラス（P. compressa）	カノン・ルーベンスなど	寒冷地の庭園・公園・空港・墓園・競技場・堤防・ゴルフ場（グリーンを除く）など

（4） フェスク類

　フェスク類は，欧米より移入され性質が強健で，やせ地にも十分生育し，耐乾性も強い常緑性の多年草である。種子繁殖を行い叢生する。ほふく茎を有するものもある。耐陰性・耐暑性もかなりあるが，柔軟性に欠け芝生の質がやや劣る。主な種類を表4－4に示す。

表4－4　フェスク類の主な種類

種　　類	主　な　品　種	利　用　場　所
クリーピングレッドフェスク （Festuca rubura ssp. genuina）	イラヒー・ペンローン・ボーリアル・ナビゲーター	庭園・公園・墓園・空港など
チューイングレッドフェスク （F. rubura var.commutata）	バーフォラア・ハイライト・ウインターグリーン・シャドウⅡ	庭園・公園・墓園・空港など
トールフェスタ （F. arundenacea）	アドベンチャー・アパッチ・ボナンザ・ジャガー・ミレニアム	公園・空港など

（5） ライグラス類

　ライグラス類は，欧米より移入され2種がある。性質は強健で，成長が早く，常緑性の多年草であるが比較的短命である。種子繁殖を行い叢生する。なお，イタリアンライグラスは，越年草である。冷涼地に適するが，耐寒性はそれほど強くなく日本の夏の高温には弱い。冬期休眠中の芝生の緑を必要とするときの，オーバーシーディング用にも用いられる。主な種類を表4－5に示す。

表4－5　ライグラス類の主な種類

種　　類	主　な　品　種	利　用　場　所
ペレニアルライグラス （Lolium perenne）	マンハッタン・ペンファイン・アドベント，アフィニティ・アクセント	庭園・公園・競技場・ゴルフ場・工場・墓園・空港など
イタリアンライグラス （L. multiflorum）	エース・ワセフドウ	

（6） バミューダグラス類

　熱帯・暖帯に広く分布しているギョウギシバ属の中で，一般に芝草として用いられる種類をバミューダグラス類と呼ぶ。その中で，米国で品種改良された種類をティフトンバミューダグラスと呼んでいる。

　性質は強健で，ほふく茎で繁茂し，シバ類のほふく茎より伸長度が著しく大きく，早く美しい芝生を造成する。耐寒性にやや劣るものがあり，寒冷地での使用には耐えない。冬期間は葉が枯死し，白褐色になる。暖地における重要な芝草である。主な種類を表4－6に示す。

表4－6　バミューダグラス類の主な種類

種　　類	主　な　品　種	利　用　場　所
コモンバミューダグラス （Cynodon dactylon）	リビエラ・サンデービル・サバンナ	公園・競技場・墓園・空港・工場
ティフトンバミューダグラス （C. dactylon x C.transvaalensis）	ティフファイン・ティフグリーン・ティフウェイ・ティフドワーフ	庭園・公園・ゴルフ場・競技場・工場

1．2　芝生の造成

1．1の芝草の中より，芝生の利用目的，その土地の気象条件，造成後の維持管理労力などを考え適正な芝草を選択し造成する。また，地域の生態系への配慮も考慮する。

訓練課題名	芝生の造成	材　　料
		コウライシバ類

1．作業の概要
市販のコウライシバの切り芝により芝生を造成する。

切り芝の規格
・1 m²分…1束36cm×14cmの切り芝20枚
・1 m²分…1束36cm×28cmの切り芝10枚

2．作業の準備
道具類：剣スコップ・角スコップ・つるはし・耕うん機・じょれん・レーキ・ならし板・水糸・杭・水準器・バケツ・土壌改良材・化成肥料・厚板・たたき板・ローラー・こうがい板・植木ばさみ・ふるい・竹ぼうき・一輪車・ハス口・ホース・スプリンクラーなど

3．作業工程
だいたいの作業手順を理解してから課題に取り組む。

材料・道具類の準備 → 造成地の位置出し → 耕起 → 粗い整地 → 元肥・土壌改良材などの施用・混合 → 整地 → 切り芝の張り付け → 目土の施用や軽い転圧 → 灌水 → 道具類・その他の後片付け

実　習	関連知識
1．造成地の位置出し (1) 造成地の位置を石灰・縄・杭などで表示する。 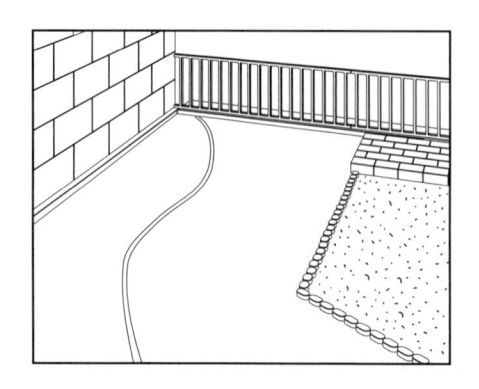	・芝生造成の適期 　シバ属，バミューダグラス類 3 ～ 6 月，その他の西洋芝類 3 ～ 4 月，9 ～ 10 月
2．土壌の耕起，整地 (1) 剣スコップやつるはしを用いて30cm以上の深さまで土壌を耕す。 	・つるはしは，固い土壌を耕すのに用いる。 ・敷地面積が広い場合は耕うん機などの機械力を考える。 ［安全］ ・周囲，特に後方に人がいないことを確認し，使用する。 ・耕すための刃（耕うんづめ）がボルトでしっかり固定されているか，刃に亀裂がないか点検する。
(2) レーキ・じょれんなどで土塊を砕きながら石片・雑草の根など芝草の生育や芝生の維持管理の障害となるものを除去し，粗く整地する。 	・エンジンオイルの点検をする。 ・耕うん機をターンさせるときは，耕うんづめの回転を止めて行う。 ・耕うんづめや回転軸に縄・雑草などが絡みついたときは，動力を止めてから障害物を取り除く。 ・レーキ・じょれんは，耕した軟らかい土壌の整地に用いる。

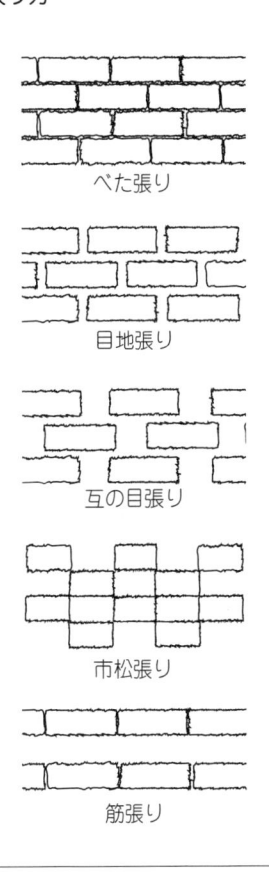

実　　習	関連知識
(3)　元肥として年間の施肥量の$\frac{1}{2}$〜$\frac{1}{3}$を地表面に散布し，厚さ10cm前後の土壌と混合する。	・庭園のコウライシバへの年間施肥量は，1m²当たり窒素成分で15〜20gくらいである。化成肥料（4：6：3）を使用すると年間1m²当たり380〜500gの量となる。 ［安全］ ・施肥時には，肥料を吸い込んだり，皮膚につかないようマスク・手袋などを着用して散布する。
(4)　レーキ・じょれんなどを用い地表面排水を考え傾斜をつけて整地し，さらにたたき板や厚板で軽く転圧する。 	・面積が広い場合は，重さ50〜100kgくらいのローラーで転圧する。
3．切り芝の張りつけ (1)　購入した切り芝を一定の目地幅（通常2〜3cm）で，根部が土壌に密着するように張りつける。 	芝の張り方 べた張り 目地張り 互の目張り 市松張り 筋張り

実　　習	関連知識
4．目土の施用 (1)　ふるいでふるった細かい土を2cmの厚さで表面より目土として施用し，こうがい板・ならし板・竹ぼうきなどで芝草の茎葉の間に擦り込む。 ならし板による目土の擦り込み 竹ぼうきによる目土の擦り込み	・造成時の目土量の目安は，1m²当たり20ℓである。切り芝の茎葉が見えないくらいに施す。 ・ふるいにより目土をつくる。
5．転　圧 (1)　目土を竹ぼうきで芝の茎葉の間に擦り込んだあと，たたき板か厚板で転圧する。	・面積が広い場合は，100～200kgのローラーで転圧を行う。
6．灌　水 (1)　灌水を切り芝の茎葉が現れるくらいまで十分に行う。 目土・転圧後の灌水	・1m²当たり6ℓ以上，ただし目土が流れ出さないこと。
7．後片付け (1)　切り芝を結んでいた縄・余った切り芝・目土などを片付ける。 (2)　使用した道具・機械類は，泥・その他の汚れを水洗いし，乾燥させて保管する。さびやすいものには，機械油を塗る。	

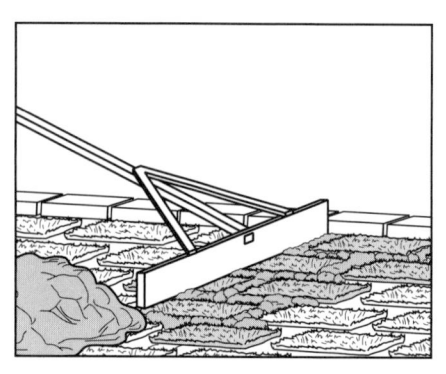

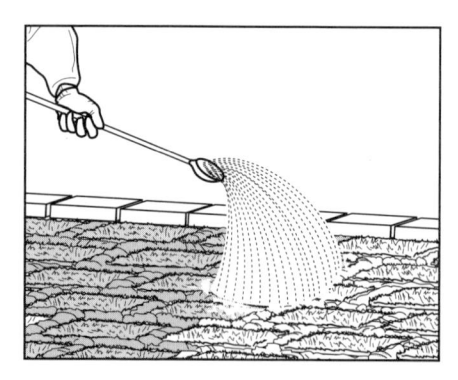

1．3　造成後の芝生の維持管理

　人為的につくられたものは，その後維持管理をしなければ初期の目的が達成されなくなる。芝生の場合にも言えることである。芝生造成の目的は，1つにはその表面を休息・レクリエーション・スポーツなどに利用することである。そのために，芝草の丈を低く，表面を平らに維持し，しかも地面を出させないで，美しい外観を維持することが必要となる。他の目的は，雨水などによる土壌表面の浸食を防止するためなどがあげられる。

　それらの目的，特に前者の目的を達成するには，芝生の刈り込み・補植，芝草を健全に育成させるための施肥・目土の施用・除草などの維持管理が必要となる。

(1) 芝生の刈り込み

　芝生の刈り込みは，刈り込みの高さと頻度を考える必要がある。

　刈り込みの高さは，芝生の利用形態によって異なり，刈り込みの頻度は，芝草の生育状況によっても異なるので一概には言えない。刈るときは，目的の草丈の1.5倍くらいになってから刈ると，芝草の生育に悪影響を及ぼさないといわれている。

　一般的な芝生の刈り込み高さと頻度の目安を表4－7に示す。

表4－7　芝生の刈り込み高さと頻度

利　用　形　態	刈り込み高さ	刈り込み回数
庭園	20〜30 mm	2〜3 回／月
公園	25〜45 mm	1〜2 回／月
野球場	10〜25 mm	4〜8 回／月
競技場		
ホッケー・サッカー	20〜30 mm	5〜8 回／月
ラグビー・フットボール	40〜60 mm	
河川敷・墓園・堤防・道路側帯	30〜50 mm	2〜3 回／年
飛行場	50〜70 mm	1 回／月
競馬場	70〜100 mm	4〜5 回／月
ゴルフ場グリーン	4〜5 mm	毎　　日
ローンテニス	5〜8 mm	毎　　日
ローンボーリング	3〜5 mm	毎　　日

＊ただし，刈り込み回数は，コウライシバを対象とする。

　芝の刈り込みには，芝刈りばさみ及び芝刈り機を用いて刈り込む。

　芝刈り機には，リール式・ロータリー式・レシプロ式・ハンマーナイフ式などいろいろの型式があるが，河川敷・墓園・堤防・道路側帯・飛行場・競馬場などでは，ロータリー式芝刈り機やハンマーナイフ式芝刈り機が適している。その他の芝生では，芝草の茎葉の切断面がきれいなリール式芝刈り機が最適である。

　リール式芝刈り機による経済的な芝刈り方法について表4－8に示す。

表4-8 芝生面積と経済的芝刈り方法

芝生面積	機械器具の種類	刃幅
10m² 以下	芝刈りばさみ	
20m² 以下	手押し芝刈り機	20 cm
20～50m²	手押し芝刈り機	25 cm
50～100m²	手押し芝刈り機	30 cm
100～150m²	手押し芝刈り機	35 cm
150～300m²	動力手押し式芝刈り機	35 cm
300m² 以上	動力自走式芝刈り機	35 cm以上
1000m² 以上	乗用動力式芝刈り機	45 cm以上

(2) 芝生への施肥

芝生は，刈り込みによって植物体が外部に捨てられ，土壌よりの栄養分が奪われるため栄養素の補給が必要となる。特に，植物が健全に生育するために，多量に必要とする肥料三要素の窒素（N）・リン酸（P_2O_5）・カリ（K_2O）などである。

芝生への施肥には，追肥として芝生表面より散布するため，芝草の茎葉の根元に入りやすいように細粒化された肥料三要素を含む化成肥料を用いることが多い。

年間に施肥する窒素・リン酸・カリの割合は，1：1：1又は1：2：1とするのが一般的である。芝生への年間施肥量は，気候条件・芝生の床土の条件・芝生の利用状況などによって異なってくるが，1つの目安としては表4-9のとおりである。

表4-9 年間施肥量（窒素成分量で）

芝草の種類	一般の芝生	ゴルフ場グリーン
コウライシバ類	15～20g/m²	20～40g/m²
バミューダグラス類	30～60g/m²	60～80g/m²
ベントグラス類	20～30g/m²	40～60g/m²

施肥回数は，芝生の生育状況を見ながら1回の施肥量を少なく，回数を多く施す方が効果的である。また，肥料焼けを避けるためにも1回の窒素成分量が，5g/m²未満になるように分けて施肥する。

年間の施肥回数の目安は，表4-10に示すとおりである。

表4-10 年間施肥回数

芝草の種類	一般の芝生	ゴルフ場グリーン
コウライシバ類	4～5回	15回以上
バミューダグラス類	6～12回	20回以上
ベントグラス類	6～10回	20回以上

(3) エアレーション

芝生面上の利用で地表より5cm前後の土壌に固結が生じたり，芝草の生育期間が長くなるにつれて地表から3cm以内の根群密度が増すなどにより，芝地の通気性・透水性などが悪く

なり，芝生の生育を阻害するようになる。エアレーションは，芝草の生育状況を乱さないで，芝生を利用しながら，芝地土壌のこれらの物理的条件を改良する更新作業の1つである。

細い棒状・中空・スプーン状で長さ5～20cm，径10mm前後の刃をつけた機械により，芝生地表面より10cm前後の間隔で穴をあけ，土壌の通気を良好にし，土壌を膨軟にする。家庭などの狭い芝生に対しては，ナイフ型の長さ20cm前後の刃を10cm前後の間隔で4枚固定した足踏み式のスパイキングと呼ばれる器具がある。

エアレーションの時期は，芝草の生育期直前や生育旺盛な時期に行う。暖地型芝草では，4～5月及び7月に，寒地型芝草では，3～5月及び9～10月である。

(4) 目　土

目土は，芝生表面より擦り込む細かい土のことである。

目土の施用目的は，

① 芝草の不定芽・不定根の発生を促し，生育を旺盛にし均一な芝生をつくる。
② 芝生表層土質の改良を図る。
③ 芝生の凹凸をならし，均平な芝生をつくる。
④ 芝草の茎葉間に堆積する有機物の分解を促進する。

などである。

芝生に施す目土の施用頻度・量の目安は表4-11に示すとおりである。

図4-11　目土の施用頻度と量

芝生の利用形態	施用回数	施用量
庭園・公園	1～2回／年	5～10 mm厚／回
野球場・ラグビー場	2～3回／年	2～3 mm厚／回
サッカー場	3～6回／年	1～3 mm厚／回
ゴルフ場グリーン	4～10数回／年	0.3～1 mm厚／回
ゴルフ場フェアウェー	3～5回／年	5～7 mm厚／回

(5) 除草（防除も含む）

芝生内の芝草以外の植物を雑草といい，芝草を健全に生育させるためにそれらの植物を取り除くことを除草という。

除草する理由としては，

① 雑草の繁殖力が旺盛なため，日当たりを好む芝草を被圧し，芝草の生育を阻害する。
② 芝草と雑草との草質が異なり均一な芝生を構成しない。芝生の外観・感触が悪くなる。
　　競技場などでは，ボールの転がり具合などが変化しやすくなる。
③ 芝草と雑草との間で養水分の奪い合いが起こる。
④ 病虫害の発生への影響。
⑤ 衣服の汚れなど利用者に不快感を与える。

などがあげられる。

除草の基本は，

① 雑草を発生させないこと。

② 次世代（種子の結実・植物体への養分の蓄積）をつくる前に除去すること。

である。

雑草の発生は，春から初夏と秋が最も盛んである。この発生期でまだ幼葉・幼少期の雑草を除草することが大切である。

除草方法は，一般に，手取り除草と除草剤による除草などがあげられる。

　a．手取り除草

人力により雨後の土の軟らかいときに除草用ホーク・竹べら・除草がまなどを用いて根より雑草を除去する。確実で環境にもよいが手間がかかる。

　b．除草剤による除草

芝草の生育に影響が少なく，他の植物の生育を阻害する効力のある薬剤を散布し除草する方法である。除草剤には，種子の発芽時や発芽直後の雑草を枯らすため土壌に散布するものと雑草の茎葉に散布し枯らすものがある。

除草剤の散布に当たっては，農薬登録の際に定められた使用方法によって適正に使用する。また，近隣に食用農作物が栽培されている区域での散布については，農薬の飛散により農作物を汚染しないように最大の注意が必要である。

散布作業は，朝夕の涼しく風のない時間帯に行い，農薬を浴びないように，風下から背に風を受けるよう後退しながら散布する。

作業者は，肌を露出しない服装で行う。

（6）補　　植

芝生の一部分が，生育不良になったり枯損*してしまった場所に新たに芝草を植え替えたり発生させることである。

（7）灌　　水

日本芝類・バミューダグラス類は乾燥に強く，一般的に灌水の必要性は少ない。

ベントグラス類は夏の乾燥に弱いため，灌水の必要が高く，高温多湿に弱いので深夜から早朝にかけて灌水が最適である。

芝生への灌水は，芝草にしおれの兆候が出始めたときに行うくらいの間隔がよく，過剰な灌水は根を浅くし，耐乾性を弱くする。

灌水するときは，土壌中に十分行き渡るように行うことが肝要である。

1回の灌水量の目安は，1m²当たり5〜10ℓの範囲である。

灌水は，大面積の芝生の場合にはスプリンクラを用い，また家庭や小面積の芝生ではホースにハス口を付け，手まきで行うことが一般的である。

＊　枯　損：様々な原因によって芝生が枯れて芝草が失われること。

訓練課題名	芝生の維持管理	材　　料
		コウライシバ類の芝生

1．作業の概要
　家庭の芝生（コウライシバ類）を良好な状態に維持するための管理を行う。

2．作業の準備
　道具類：除草用ホーク・除草がま・竹ぼうき・熊手・箕・草刈りがま・剣スコップ・角スコップ・こうがい板・ナイフ・バケツ・ふるい・ならし板・一輪車・ハス口・ホース・スプリンクラーなど

3．作業工程
　だいたいの作業手順を理解してから課題に取り組む。
　　材料・道具類の準備⟶除草⟶草刈り⟶刈り取り茎葉の除去⟶施肥⟶目土の施用⟶灌水⟶道具類・その他の後片付け

訓練課題名	芝生の維持管理	材　　料
		コウライシバ類の芝生

実　習	関連知識
1．除　草 (1) 雑草を幼少のうちに除去する。 	・刈り込む前に除草ホーク，除草がまを用いて除草する。 ・芝刈り機はよく芝草が切れるように，下刃と回転刃の擦り合わせを調整する。 ・芝刈りの作業前に芝生の中より枝・針金・おもちゃ・石・空缶・ビニールなどの障害物を取り除く。
2．芝刈り (1) 芝生を刈り込むときは，交互に刈り込んだり，刈り込む方向をときどき変える。また，刈り込み幅を重ねて刈り込む。 芝刈機による刈込み 	[安全] ・雑草・縄・ビニールひもなどの障害物が刈り刃に絡まったときには動力式のものでは，必ず動力源を止め，刃に指を挟まれないように注意して取り除く。 ・樹木の根元は，芝草を繁茂させないようにする。 ・刈り込みばさみは，よく研がれたものを使う。 ・芝生表面を平らにするため，一度にたくさんの芝生を刈り込まないようにする。
(2) 縁石や樹木の根元など芝刈り機で刈り込みにくいところは，刈り込みばさみで刈る。	[安全] ・持ち運ぶときに，刃が開いて指を切ったり，刃先で他人を傷つけたりしないように，ケースに入れるか，布などで刃をしっかり包む。
(3) 刈り取った茎葉は，熊手・竹ぼうきなどで芝生面より取り去る。 	・刈り取った茎葉を放置すると芝草の根元に堆積してサッチといわれるものとなり，過湿状態になって芝草の根が浅くなり，耐乾性が弱くなったり，病害虫のすみかとなったりなど芝草の生育の障害となる。

実　　習	関連知識
3．施　肥 (1) 追肥を行う。まず所定量の半量をまき，あとの半量は，最初のまき方とクロスするようにまく。	・1回の追肥の量は，純窒素量で1m²当たり5kg以内とする。例えば，化成肥料（N：P：K＝4：6：3）を用いる場合は，1m²当たり125gを施肥する。 ・肥料が葉の上に残留しないように竹ぼうきなどで軽く掃く。 ・肥料散布後必ず散水する。 〔安全〕 ・施肥時には，肥料を吸い込んだり，皮膚につかないようマスク・手袋を着用して散布する。
4．目土の施用 (1) 目土の施設は，表4－11に示した量を目安に芝生造成時と同じ要領でふるいで散布したり，こうがい板・ならし板・竹ぼうきなどで散らして茎葉の間に擦り込む。	・目土施用後は，必ず散水する。
5．後片付け (1) 使用した道具類は，草汁・付着した刈り取った葉・泥・その他の汚れなどを水洗いし，乾いた布でふき，乾燥させてから保管する。さびやすい道具類には機械油を塗る。	

第2節　花壇づくり

　花壇は，「樹木・草花・芝生・園路・プール・噴水・彫像などが一定の計画のもとに配置され，美しい景観を呈する場所」のことで，庭園と同じ意味を持つことになる。

　しかし一般的な通念では，「庭園の一部分に草花・花木・砂利・砂などによりデザインされ美しい景観を呈する一区画のこと」をいう。

2.1　花壇の種類

　つくられた花壇を分類すると次のようになる。

(1)　植込み植物による分類

① 植物の性状による区分
- 1～2年草花壇
- 多年草花壇
  - 宿根花壇
  - 球根花壇
- 木本花壇（永久花壇）

② 植物の種類数による区分
- 単植花壇
- 混植花壇

③ 植物の開花期による区分
- 春花壇
- 夏花壇
- 秋花壇
- 冬花壇

(2)　様式による分類

a．平面的な花壇

1)　毛せん（氈）花壇

庭・芝生広場などの中央に毛せん状に平面幾何学模様にデザインされた花壇をいう。

2)　リボン花壇

通路，建物などの前面沿いに矮性の草花・花木などで帯状に細長くつくられた花壇をいう。

3)　舗石花壇

舗装された広場や通路の一部分に舗装材を張らずに，矮性の草花・花木などを植え込んだ花壇をいう。

b．立面的な花壇

1)　寄植花壇

周囲から鑑賞できるように数種の草花を組み合わせ，中央部を高く，周辺にいくに従い低く

草花を植え込んだ花壇をいう。

2） 境栽花壇

通路・建物・生け垣などに沿って細長くつくられた花壇で，背面を高く，手前に低い植物を使う。

3） ピラミッド花壇

天幕状に蔓（つる）植物をはわせてつくった花壇をいう。

4） ウォールガーデン

　岩石を整形に空積みしながら各岩石のすき間に草花を植え込んだ壁状の花壇をいう。

5） ロックガーデン

山頂の岩山やれき（礫）石が堆積するような風情を造り，高山・深山性植物を植え込んだ花壇をいう。

6） 立体花壇

球状の枠や立面状の枠に草花を植え立体的につくられた花壇をいう。

c．掘り下げてつくる花壇

1） 沈床花壇（サンクガーデン）

広大な庭園・公園などの一部につくられ，地面を1～1.2m掘り下げてつくった花壇で，周囲から俯瞰（ふかん）して鑑賞する整形式の花壇で，芝生・矮性（わいせい）草花・低木などで構成される。

2） 水栽花壇

水槽・水湿地・川の水辺などで水生植物を植栽した花壇をいう。

d．建築物に付随した花壇

1） 屋上花壇

建物の屋上やテラスなどにつくられた花壇をいう。

2） 屋内花壇

建物内に設けられる花壇をいい，観葉植物や日陰に強い植物が主体となる。

3） ボックス花壇

木製・コンクリート製・樹脂製・陶磁器製などの植栽容器に草花を植えつけ，デザイン的に配置した花壇をいう。

2．2　花壇に適する草花

花壇は，それぞれの草花が持つ独特の美しさを十分に発揮させるとともに，形・色彩などを生かして群植の美しさを表す。ここでいう草花は園芸用草花のほかに，低花木（刈込みによって低く維持できるものも含む）・葉色・実などが観賞対象になる植物などを含んでいる。外来生物法で特定外来種に指定されている草花は使用しないように配慮する。

花壇に適する草花は，

① 草姿が整っており，花色・葉色が鮮明である草花
② 花色・葉色・草丈の高低などに変化のある草花
③ 開花期・生産力・生育などに均一性のある草花
④ 観賞期間の長い草花
⑤ 耐病性・耐暑性・耐寒性などが強い草花
⑥ 繁殖・栽培及び管理が容易で，労力費用を要しない草花
⑦ 種苗が容易に手に入る草花

などである。

2.3　花床の地ごしらえ

　花壇の設計により植栽場所の形状が決まり，その植栽場所に草花を植えるための土壌の準備を地ごしらえといい，草花が植えられる所を花床という。

　地ごしらえの手順は，次のとおりである。

(1)　花床の形状の位置出し

地表面に縄や石灰などで花床の形状を表す。

(2)　花床の土壌耕起

① 30cm以上の深さに耕す。小面積の場合は，スコップで，大面積の場合には，ハンドトラクタ・トラクタ・バックホウなどで耕す。
② 雑草・根茎・石・その他の生育の障害となるものを取り除く。
③ 草花などは一般に排水良好な土壌を好むことから，土壌の状況によって堆肥や肥料の施用とpHの矯正のため，苦土石灰・硫酸鉄などの施用を考える。土壌のpHは5.5～6.5が適正である。
④ 継続使用されている場合には，土壌の団粒化を促進させるとともに殺菌と新鮮な空気を土壌に送り込むため，冬期間に粗く耕起し，寒気と日光に十分さらしておくとよい。

(3)　花床の整地

① 表層10～15cmくらいの土塊を細かく砕きながら平らに仕上げる。
② 花床の面積が70m²以上ある場合には，中央部を盛り上げてかまぼこ形にする。
③ 花床の表面は，通路又は芝生面より10～15cmくらい高くする。

2.4　花床への苗の植えつけ

　1～2年草の苗及び球根の植えつけについて述べる。

(1)　1～2年草苗の植えつけ

　a．苗を植えつけるときの考え方
　① 苗の定植時期の目安

表4-12 苗の定植時期の目安

花壇の種類	主な観賞期間	花壇への定植時期
春花壇	4～6月	2～3月
夏花壇	7～8月	5～6月
秋花壇	9～11月	6,9月
冬花壇	12～2月	11～12月

② 苗の総数と大・中・小苗の数の割合を把握しておく。

③ 大苗は中心部に,中・小苗は周辺部に植えつける。

④ 苗は互の目(ごのめ)に等間隔で植えつける。

⑤ 花床内に入って植えつける場合は,必ず踏み板に乗って植えつける。

⑥ 苗の株間は,草花の種類・育ち具合・植えつけ時期などによって一概に言えないが,苗の葉先が触れ合い,地表面が幾分見える程度に植えつける。ただし,1か月以内のイベントなどの花壇では,草花を密植させ花で埋まるように植えつける。

⑦ 植えつけ時に苗の茎を親指と人差し指の間に挟み,鉢を逆さまにして苗を鉢から取り出す。

⑧ 植えつけは,曇天の日又は夕方に行うのがよい。

⑨ 一度に苗の準備ができないときは,準備ができたら苗を植えつける。

b.苗の植えつけ順序

① 花床内の模様を誤らないように,ひも・石灰などで区画を明確に表す。

② すでに植えつけた苗を傷つけたり踏みつぶさないため,花床の中央部から周辺部に向かってか,又は片側奥より手前に向かって苗を植えつける。

③ 植えつけた苗の根元の土を平らにする。

④ 灌水は,ジョウロ又はホースの先にハス口をつけ,土が苗に跳ね返らないように水の勢いを弱めて,葉の汚れや土壌病原菌の伝染を防ぐため,苗と苗の間の土にゆっくり時間をかけて1 m^2 当たり2ℓ以上灌水する。

(2) 球根の植えつけ

a.球根植えつけ時の考え方

① 球根の形が大きくしっかりしたものを選び,球根の底部が変色したり,腐ったもの・病斑のあるものなどは捨てる。

② 植えつけ時期の目安

・春植え球根;4月上旬(夏から秋にかけて咲く球根類)

・秋植え球根;10月下旬(晩秋又は翌年の早春から夏にかけて咲く球根)

球根の植えつけ時期と深さを表4-13に示す。

植えつけ間隔は,一般には球根の幅の2～3倍の間隔を開ける。生育旺盛な球根(カンナ,

ジンジャーなど）はかなり離して植える。球根類の植栽密度の一例を表4－14に示す。

表4－13　植えつけ深さと主な球根植物

球根の区分	春植え球根	秋植え球根	球根の植えつけ深さ
鱗　茎[*1]	アマリリス・ガルトニア・ハマユウ・スプレケリア・タマスダレ・サフランモドキ・チグリディア・チュベローズ・ヒメノカリス・ユーコミス	スイセン・球根アイリス・チューリップ・アリウム・アルブカ・カタクリ・オキザリス・オーニソガラム・シラー・ステルンベルギア・スノードロップ・スノーフレーク・チオノ・ドクサ・ネリネ・リコリス・ヒヤシンス・ハナニラ・ベラドンナリリー・ムスカリ・イキシオリリオン	球根の高さの3倍の深さ
球　茎[*2]	アキダンテラ・シペラ・グラジオラス・ヒメヒオウギズイセン	フリージア・イキシア・クロッカス・コチカム・ストレプタンセラ・スパラキシス・ディビダクス・トリトニア・バビアナ・ホメリア・ヘスペランサ・ロムレア・ワトソニア	球根の高さの2.5倍の深さ
塊　茎[*3]	カラー・カラジューム・球根ベゴニア	シクラメン・アネモネ・アルム・エランティス	球根の高さの1.5～2倍の深さ
根　茎[*4]	アキメネス・カンナ・クルクマ・ジンジャー	ジャーマンアイリス・スズラン	球根の厚さの2倍以内の深さ。ただし、ジャーマンアイリスは根茎を埋めないこと。
塊　根[*5]	ダリア・グロイオーサ	アルストロメリア・ラナンキュラス	塊根基部の芽の部分を3～5cmの深さ。

[*1] 鱗茎：短縮した茎に養分を蓄えて肥大した葉が緊密について球状となっている。
[*2] 球茎：茎の部分に養分を蓄え球状となっていて外皮を有する。外皮の内側に節が見られる。節には芽が見える。
[*3] 塊茎：茎が養分を蓄えイモ状に肥大し、発芽点を頂部に有する。
[*4] 根茎：地下茎が養分を蓄え肥大したもので、節ごとに芽がある。
[*5] 塊根：根が養分を蓄え肥大し、肥大した根の頂端に短縮した茎の一部がある。

表4－14　植栽密度の一例

春植え球根（球／m²）		秋植え球根（球／m²）			
ダリア	1～3球	ユリ類	20～30球	オキザリス	60球
ジンジャー	4～5球	ヒヤシンス	30球	バビアナ	60球
カンナ	4～5球	アネモス	30球	オーニソガラム	60球
アマリリス	18球	アイリス	30球	イキシア	60球
カラー	30球	ワットソニア	30球	シラー	60球
グラジオラス	30球	スイセン類	30球	タマスダレ	60球
ヒメヒオウギズイセン	45球	ラナンキュラス	30球	アリウム	60球
		スノーフレーク	45球	ムスカリ	90球
		ハヤザキグラジオラス	45球	クロッカス	90球
		コルヒカム	45球	スノードロップ	90球
		チューリップ	45球		

b．球根の植えつけ順序

① 花床内の模様を誤らないようにひも・石灰などで区画を明確に表す。

② 花床の中央部から周辺部に向けてか、又は片側奥より手前に向けて、所定の深さ・所定の間隔で等間隔に球根の上部を上にして植えつける。

③ 植えつけた球根の上部に、球根の位置が移動しないように注意して覆土し、土を平らにする。

④ イネわら・おがくず・ピートモスなどで被覆すると、乾燥・寒さ・雑草の発生・土壌の

固結なども防ぐことができる。

2．5　植えつけ後の管理

　花壇苗植えつけ後の管理には，植えつけ直後の主な管理が灌水と補植，その後の除草，花柄摘み，施肥などがあげられる。

（1）　灌　　水

　① 灌水は，生育が認められるまで2～3日の間隔で状況を見ながら行う。球根そのものを植えつけたとき，土壌が乾燥していなければ灌水の必要はない。

　② 灌水は，土壌表面が白くなったり，葉にしおれの兆候が見られるとき，苗と苗の間の土にゆっくり時間をかけて1m^2当たり2ℓ以上（深さ10cmまでの土壌に十分水がしみ込む量）を灌水する。

　③ それ以外は，灌水を行わない方が草花の根張りがよくなり健全に生育する。

（2）　補　　植

　植えつけ時の損傷により生育の遅い株，生育が著しく遅い株，枯れた株などは早めに植え替える。

　早めに植え替えるためには，植えつけ時に余分に残した苗を他の場所で確実に栽培管理する必要がある。

（3）　除　　草

　株植えつけ後は土壌が膨軟で，株間に光が入り雑草が発生しやすい。発芽した雑草は幼少のうちに取り除く。

　これは，「日陰になる」・「通気が悪くなる」・「生育空間」・「養水分などが奪われる」など草花の生育障害となることや又異質な形状が入るため，デザイン上・美観上よくないためである。

（4）　花柄摘み

　① 開花後のしおれた花を摘み取ることを花柄摘みといい，美観上・病気の予防・結実予防のために行う。

　② 腋芽を伸ばして次の花を咲かせる株は，花柄摘みと一緒に茎や枝を切り詰めて草姿を整え，腋芽を伸ばし再度の開花を促進させる。

（5）　施　　肥

　① 花壇に定植される苗は，開花直前の株であり，生育期間の短い草花については，花床造成時に元肥として施肥された肥料分（緩効性化成肥料150～200g/m^2くらい）で十分であり，追肥の必要はない。

　② 定植後長期間開花生育する株には2～3か月に1回元肥の$\frac{1}{3}$くらいの量の緩効性化成肥料を追肥する。

③　球根類は，本来球根中に発芽・生育・開花までの養分を保持しているので，開花後球根を充実させるため，化成肥料を30g/m²前後追肥する。

④　宿根草類は，植えつけ時又は生育前に元肥として，緩効性化成肥料を1株当たり5g前後根元の土壌に混ぜて施肥する。生育途中と開花後に追肥として化成肥料を1株当たり3g前後同様に施肥する。

---- *学習のまとめ* ----

- 植栽された植物は，様々な環境条件下で健全に継続して生育し続けるためには，人による様々な維持管理作業が必要となる。
- 芝生は，草丈の低いイネ科植物や刈り込みなど人為的に草丈を低く抑えても生育可能なイネ科植物などの芝草を用い，地表面を低く覆った場所や状態のことである。
- 芝草の種類は，日本に古来より自生している日本芝と欧米より移入された西洋芝に大別できる。
- 人為的につくられた芝生は，芝草の種類とその生育特性によって，刈り込み・施肥・目土の施用・雑草の防除・補植などの維持管理が必要である。
- 花壇は，一般的には庭園・公園・広場・家庭などの一部分に草花・花木・砂利・砂などを用い，デザインされ，草花の群植の美しい景観を呈している区画のことである。
- 花壇に適する草花は，それぞれの草花が持つ独特の美しさを十分に発揮させるとともに群植の美しさを生かして，形・色彩などで表すことのできる草花であることである。
- 花床に草花の苗を定植した後の管理は，灌水・補植・除草・花柄摘み・施肥などがあげられる。

練 習 問 題

1．花壇に適する草花の条件を4つ箇条書きで記述しなさい。
2．芝生への目土の施用目的を3つあげなさい。
3．次の文章で，正しいものには○印を，誤っているものには×印をつけなさい。
   (1) 日本芝類は，暖地型芝草である。
   (2) 西洋芝のバミューダグラス類は，寒地型芝草である。
   (3) ロータリー式芝刈り機で，刈り込むと他の芝刈り機より芝生面がきれいに仕上がる。
   (4) 芝生内の除草は，雑草が幼葉・幼少期に行うのが大切である。
   (5) 芝生への1回当たりの施肥量は，窒素成分量で1 m^2 当たり10g以上与えると生育が良好になる。
4．次の文章は，花壇への草花苗の植えつけについて記述したものである。①～⑨に正しい語句を記入しなさい。

　草花苗は，互の目に（ ① ）で，花床の（ ② ）から（ ③ ）に向かってか，又は，片側（ ④ ）から（ ⑤ ）に向かって植えつける。

　草花苗の（ ⑥ ）は花床の（ ⑦ ）に（ ⑧ ）は周辺部に植えつけるとよい。

　草花苗は，（ ⑨ ）の日又は夕方に植えつけるとよい。

練習問題の解答

<第1章>

1．〔第3節3．1〕
　① 大きな木や石など，作業に支障のあるものを除去する。
　② 有機物（堆肥・腐葉土など）や石灰などをたっぷり入れ，深めに耕うんする。

2．
　(1) × 布鉢の縁を5cmほど上部を残し，土中に埋める。〔第1節1．4〕
　(2) × 多くの樹種は，翌年春には植え出す。〔第1節1．3〕
　(3) ○ 〔第1節1．1〕
　(4) ○ 〔第2節2．2〕
　(5) × 樹木には，寒冷紗の遮光率50％が最も一般的である。

3．〔第1節1．1〕
　① 周長　② 1.2　③ 上　④ 2　⑤ 70

<第2章>

1．
　① 土質などに関係なく栽培可能である。
　② 畑への植え広げにおいて枯損率が少ない。
　③ いつでも植え替え作業が可能である。
　④ 根回し，根巻きを必要としない。
　⑤ 機械化が可能である。

2．
　(1) ○ 〔第1節　1．3〕
　(2) × ツツジの種子の貯蔵は，乾いてもよい。〔第1節1．1〕
　(3) × 特に常緑樹は，乾かさないようにして挿す。〔第1節1．2〕
　(4) × 施肥後，しばらくして，徐々に効き出し，長期間続くのが遅効性肥料である。
　　　〔第3節3．2〕
　(5) ○ 〔第6節6．3〕

3．〔第1節1．3〕
　① 挿し木　② 実生　③ 根（台木）　④ 接ぎ木　⑤ 園芸品種

<第3章>

1．〔第1節1．2 図3－11〕
　　枯れ枝，ひこばえ，徒長枝，逆さ枝，からみ枝など

2．〔第1節1．2〕
　① 各々の樹木が健全な生育をするようにする。
　② 樹木の樹形，配植などの美しさを発揮させる。
　③ 植栽の目的を達成させる。

3．〔第1節1．2〕
　(1) × 枝が重ならないように剪定する。
　(2) ○

(3) ×　短枝を残して，長枝を付け根から剪定する。
  (4) ○
  (5) ○
4．〔第2節〕
  ①樹形　②生育空間　③根鉢内　④細根　⑤再開　⑥休眠期　⑦新葉　⑧落葉　⑨酷冬

<第4章>

1．〔第2節2．2項〕次の①〜⑦より5項目をあげる。
  ① 草姿が整っており・花色・葉色が鮮明である草花
  ② 花色・葉色・草丈の高低などに変化のある草花
  ③ 開花期・生産力・生育などに均一性のある草花
  ④ 観賞期間の長い草花
  ⑤ 耐病性・耐暑性・耐寒性などが強い草花
  ⑥ 繁殖・栽培及び管理が容易で労力費用を要しない草花
  ⑦ 種苗が容易に手に入る草花

2．〔第1節1．3項〕次の①〜④より3項目をあげる。
  ① 芝草の不定芽・不定根の発生を促し，生育を旺盛にし均一な芝生をつくる。
  ② 芝生表層土質の改良を図る。
  ③ 芝生の凹凸をならし，均平な芝生をつくる。
  ④ 芝草の茎葉間に堆積する有機物の分解を促進する。

3．
  (1) ○
  (2) ×　暖地型芝草である。〔第1節1．1項〕
  (3) ×　芝生面の仕上がりがきれいなのは，リール式である。〔第1節1．3項〕
  (4) ○
  (5) ×　窒素成分量で5g未満である。〔第1節1．3項〕

4．〔第2節2．4項〕
  ①等間隔　②中央部　③周辺部　④奥　⑤手前　⑥大苗　⑦中心部　⑧中・小苗　⑨曇天

参考資料

主な緑化樹木一覧

【凡例】

[特性]
- 陰陽　陰樹か陽樹か
- 乾湿　乾燥・湿潤に対する適応性
- 対煙　大気汚染や煤煙に対する適応性
  ◎：強い　○：やや強い　△：やや弱い　×：弱い　無印は普通
- 萌芽　萌芽力
- 生長　生長速度
  ◎：速い　○：やや速い　△：やや遅い　×：遅い　無印は普通
- 移植　成木の移植の難易度
  ◎：容易　○：やや容易　△：やや困難　×：困難　無印は普通

[鑑賞要素]
- 環境に値する花，葉，実について，その色と時期を記した。
- 数字は月を意味する（関東地方を基準）。
- 樹形は，便宜上，以下のような類型に分け，それぞれ成木の自然樹形に関して，ごく標準的なかたちを当てはめた。

卵形　円筒形　円錐形　球形　鐘形　傘形　盃形　箒形　下垂形

半球形　不整形　蔓　地被　その他，ヤシやシュロなどの特殊形がある。

区分		樹種	科名	樹高(m)	特性						鑑賞要素			樹形	主な利用・用途	備考
					陰陽	乾湿	対煙	萌芽	生長	移植	花	葉	実			
高木類	針葉樹	アカマツ クロマツ	マツ科	30	極陽	耐乾	△		○	△				傘	役木, 門冠, 主木	防風効果あり
		イチイ	イチイ科	15	陰	好湿	○	強	×	◎		新緑 5	赤 10〜1	卵	生垣, 刈込み, 仕立て物	園芸品種にキャラボクがある
		イヌマキ	マキ科	5〜10	陰	耐湿	○	強	△	△				卵	門冠, 生垣, 主木	防風, 防火, 雌雄異株
		カイヅカイブキ	ヒノキ科	10	陽	好湿	◎	強	○	○				卵	生垣, 列植, 遮蔽	雌雄異株
		カヤ	イチイ科	30	極陽	耐湿	◎	強	×	○				円錐	生垣, 刈込み, 主木	雌雄異株
		コウヤマキ	スギ科	30〜40	陽		×	弱	×	×				円錐	主木, 列植, 和洋ともに調和	樹形が非常に美しい
		コノテガシワ	ヒノキ科	10	陽		×		×	△				箒	列植, 洋風庭園に調和	
		サワラ, ヒノキ	ヒノキ科	30	陰	好湿	△	強	○					円錐	添景樹, 生垣, 刈込み, 列植	
		スギ	スギ科	40	陽	好湿	×	強	◎					円錐	生垣, 刈込み, 遮蔽	北山杉は台形に仕立てられる
		ヒマラヤスギ	マツ科	40	陽	好湿			○					円錐	主木, 洋風庭園に調和, 公園樹	別名：ヒマラヤシーダー
	常緑広葉樹	アラカシ シラカシ	ブナ科	10〜20	陰		○	強	○	○				卵	主木, 生垣, 遮蔽, 公園樹	防風, 防火
		イヌツゲ	モチノキ科	3〜5	陰		○	強	○	○				卵	玉散らし仕立て, 生垣, 刈込み	雌雄異株
		ウバメガシ	ブナ科	15	陽	耐乾	◎	強	×	×				不整	生垣, 刈込み, 主木	海岸防風林, 防火
		カクレミノ	ウコギ科	10	極陰	耐湿	○		×	△				箒	和風庭園とくに露地に向く	
		カナメモチ	バラ科	10	陽	好湿		○	△	△				円筒	生垣, 刈込み, 列植	生垣は上等品
		キンモクセイ	モクセイ科	3〜5			△	強	△	○	黄橙 9〜10			鐘	生垣, 遮蔽, 主木, 芳香樹	
		クスノキ	クスノキ科	35		好湿	◎	○	○					球	主木, 緑陰樹, 公共緑化, 公園	
		クロガネモチ	モチノキ科	10〜15	陽	好湿	◎	○	○	◎			赤 12	球	主木, 公園樹	
		ゲッケイジュ	クスノキ科	10	陽		○		△	×				卵	主木, 刈込み仕立て, 記念樹	別名：ローレル
		サザンカ	ツバキ科	10	陰	好湿	○	○	△	○	赤白 10〜3			卵	生垣, 刈込み, 花木	
		サンゴジュ	スイカズラ科	8	陰	好湿	◎	強	○	○			赤 9〜10	円筒	生垣, 刈込み, 遮蔽, 列植	防風, 防火
		タイサンボク	モクレン科	20		耐湿	○	弱	○		白 5〜6			円錐	主木, 花木, 記念樹	
		ヤブツバキ	ツバキ科	15	陰		○	強	△	○	赤白 2〜4			円筒	花木, 生垣, 列植	
		ネズミモチ	モクセイ科	3〜4	陰		◎	◎	○	○				球	生垣, 刈込み, 遮蔽	防風, 防火, 防潮
		ヒイラギ	モクセイ科	4〜8	極陰	耐乾	◎	強	△	○	白 10〜11			卵	主木, 生垣, 刈込み, 遮蔽	雌雄異株, 縁起木
		ビワ	バラ科	6〜10		○		×	△		黄 11〜12	黄橙 6〜7		球	食用, 芳香, 防火	
		ミカン類	ミカン科	3〜8	陽	耐湿	△		△		白 5〜6		橙	球	装飾樹, 果樹	食用, 芳香
		モチノキ	モチノキ科	8	陰	○	○	△	○				赤 10〜11	円筒	生垣, 遮蔽, 主木	防火, 雌雄異株
		モッコク	ツバキ科	10〜15	陰		○	○	△	○				鐘	主木, 和風庭園向き, 仕立物	
		ヤマモモ	ヤマモモ科	15	陰	好湿	○	○	○	○			赤 6〜7	球	主木, 公園樹	防風, 防火, 雌雄異株
		ユズリハ	ユズリハ科	15	陰	耐湿		弱	○	○				卵	主木, 公園樹	防火
	落葉広葉樹	ウメ	バラ科	2〜10	陽	好湿		強	△	○	紅・白 2〜3	緑 6〜7		不整	主木, 花木, 果樹	
		エゴノキ	エゴノキ科	7〜8	陰	好湿		強	○		白 5〜6			箒	緑陰樹, 雑木	果皮有毒
		カキノキ	カキノキ科	15〜20	陽	好湿	△		△	△			橙朱 10〜11	不整	果樹, 緑陰樹	食用
		カツラ	カツラ科	15	陽	好湿	×	強	◎	○		黄 4	黄 10〜11	円錐	主木, 緑陰樹	和風, 洋風いずれも調和
		カリン	バラ科	6〜15	陽		×		○	△	淡紅 4〜5		黄 10	盃	花木, 添景樹, 実・幹の鑑賞	実は砂糖づけ, 果実酒等
		ケヤキ	ニレ科	30	陽		○		○	○		黄 9〜10		盃	緑陰樹, 主木, 街路樹, 公園樹	防風
		コブシ	モクレン科	10〜15		耐湿			○		白 3〜4			卵	花木, 緑陰樹, 雑木	芳香
		サクラ類	バラ科	10〜15	陽		○		○	○	淡紅 3〜5		赤 10〜11	盃	花木, 緑陰樹	
		ザクロ	ザクロ科	10	陽		○	強	○	○	赤 6〜8		赤 10〜11	不整	果樹, 花木	食用
		サルスベリ	ミソハギ科	6〜7	陽	好乾	○	○	○	○	桃白 7〜9			不整	花木, 緑陰樹	
		シダレヤナギ	ヤナギ科	15	陽	好湿	◎	○	◎	△				下垂	添景樹, 街路樹, 水辺	雌雄異株（日本には雌株がないといわれる）
		シラカバ	カバノキ科	20〜25	極陽	好湿	×		○	○		黄 10〜11		卵	寄植え	白い幹肌が美しい
		デイゴ	マメ科	15	陽		○	強	○	◎	赤 4〜5			球	花木, 緑陰樹（暖地）	
		ナツツバキ	ツバキ科	10	陰		△		◎	○	白 6〜7			箒	主木, 花木	別名：シャラノキ
		ネムノキ	マメ科	6			×		○	×	赤 6			不整	花木, 添景樹	剪定を嫌う
		ハナミズキ	ミズキ科	5〜10			△		△	△	桃・白 4〜5	紅 9〜11	紅 9〜11	箒	花木, 主木, 公園樹	
		モクレン	モクレン科	10〜15	陽		△		△	△	白 3〜4			球	花木, 主木, 添景樹	シモクレン（紫花）とハクモクレン（白花）
		カエデ類	カエデ科	10			×	強	○	○			紅 10〜11	不整	緑陰樹, 主木, 添景樹, 紅葉	日陰にも日向にも強い

参考資料　169

170 栽培法及び作業法

分類		名称	科	樹高(m)	日照	水分					花色・月	実色・月	樹形	用途	備考
低木類	常緑広葉樹	アオキ	ミズキ科	2〜3	極陰	好湿	○		○	○		赤 11〜3	半球	下木, 遮蔽, 実の鑑賞	防火樹
		アセビ	ツツジ科	2〜5	陰	耐乾	○	弱	△	○			等	下木, 根締め, 和風庭園向き	有毒
		ハナツクバネウツギ	スイカズラ科	1.5		耐乾	◎	強		◎	白 5〜11		半球	花木, 生垣, 刈込み	別名:アベリア
		キョウチクトウ	キョウチクトウ科	3	陽	耐乾	◎	強	○	△	赤・白 7〜9		等	花木, 遮蔽, 公園樹	有毒
		クチナシ	アカネ科	2	陰	好湿	○	強	△	○	白 6〜7		半球	下木, 花木, 境栽, 芳香樹	
		サツキ	ツツジ科	0.5〜1	陽			強		○	赤・白 5〜7		半球	花木, 境栽, 刈込み	
		ツツジ(オオムラサキ)	ツツジ科	1〜2	陽			強		○	緋・白 4〜5		半球	花木, 境栽, 刈込み	
		シャクナゲ	ツツジ科	2〜3			△		×	×	赤・白 5〜6		等	花木, 下木, 寄植え, 境栽	
		シャリンバイ	バラ科	2	陰		◎	弱	×	○	白 5		半球	添景樹, 根締め, 刈込み	耐潮性が強い
		ジンチョウゲ	ジンチョウゲ科	1〜1.2	陰	耐湿	○	強		○	紫白 3		半球	境栽, 刈込み, 芳香樹	
		センリョウ	センリョウ科	0.5〜1	陰	耐湿			△	○		赤 12〜2	等	根締め, 実の鑑賞, 露地に向く	
		トベラ	トベラ科	2〜5	陰		◎		○	○	白 5〜6		半球	境栽, 遮蔽, 生垣	雌雄異株
		ナンテン	メギ科	2	陰	好湿		強	△	○	紅 10〜11	赤 11〜12	球	実の鑑賞, 下木, 根締め	縁起木
		ヒイラギナンテン	メギ科	1.5〜2	極陰	好湿	○		△	○	黄 3〜4	黒紫 9〜10	半球	下木, 根締め, 添景樹	
		ハクチョウゲ	アカネ科	0.5〜1				強		○	白 5〜7		半球	花木, 下木, 生垣	雌雄異株
		ヒサカキ	ツバキ科	5	陰		○	強	△				球	下木, 生垣, 根締め, 露地	
		マサキ	ニシキギ科	2.5	陰		○	強	◎	◎			卵	生垣, 刈込み, 下木	
		マンリョウ	ヤブコウジ科	0.5〜1	陰	好湿	◎	なし	△	◎		赤 11〜3	特殊	下木, 根締め, 実の鑑賞, 露地	
		ヤツデ	ウコギ科	2〜3	極陰	好湿	○	強		○	白 10〜11	黒 5	等	下木, 根締め, 添景樹	
		ヤブコウジ	ヤブコウジ科	0.1〜0.2	陰	好湿		強		◎		赤 11〜3	特殊	下木, 根締め, 地被, 実の鑑賞	
	落葉広葉樹	アジサイ	ユキノシタ科	1.5	陰	好湿				○	青・紫・白 6〜7		等	花木, 下木, 添景樹, 群植	
		ウメモドキ	モチノキ科	3〜4	陽	好湿	○	強	×	○		赤 10〜2	等	実の鑑賞, 添景樹, 鳥の食餌樹	雌雄異株
		エニシダ	マメ科	1.5	陽			強	◎	×	黄 5		等	花木, 列植, 群植, 洋風庭園	
		コデマリ	バラ科	1.5			△	強	◎		白 4〜5		等	花木, 下木, 添景樹, 列植	
		ドウダンツツジ	ツツジ科	2〜3	陽	耐湿		強	○	○	白 4〜5	紅 9〜11	半球	生垣, 刈込み, 玉物, 寄植え	
		ニシキギ	ニシキギ科	1.5〜2	陰			強		○	紅 9〜11	赤 10〜11	半球	添景, 紅葉, 根締め, 鳥の食餌	
		ハギ	マメ科	1.5	陽	耐乾	○		○	○	紫 7〜9		下垂	花木, 和風向き, 斜面の土留め	
		ハナカイドウ	バラ科	3	陽		×			○	紅 4		等	花木, 添景樹	
		バラ(木性)	バラ科	1〜5	陽				○	○	多色 5〜7		等	花木, 花壇	別名:セイヨウバラ
		フヨウ	アオイ科	1〜3	陽	耐湿		強	×	◎	淡紅 7〜10		等	花木, 列植, 添景樹	防潮, 水辺を好む
		ボケ	バラ科	2	陽			強	○	△	赤・白 3〜4	黄 7〜8	等	花木, 添景樹, 根締め, 刈込み	
		ボタン	ボタン科	2	陽		×		△	△	多色 5		等	花木, 花壇	
		マユミ	ニシキギ科	5〜6	陽	耐湿		弱	◎	○		赤 9〜10	等	下木, 添景	
		マンサク	マンサク科	3〜5	陽						黄 2〜3	黄 10〜11	等	花木, 添景樹	
		ムクゲ	アオイ科	2〜5	陽	耐湿		強	◎	○	紅紫・白 7〜10		等	花木, 境栽, 生垣	
		ムラサキシキブ	クマツヅラ科	3〜5			○				紫 6〜7	紫 10〜11	等	実の鑑賞, 添景樹, 下木	
		ヤマブキ	バラ科	2	陽	耐湿			◎	○	黄 4〜5		等	花木, 添景樹, 群植, 水辺	
		ユキヤナギ	バラ科	1.5	陽			強		○	白 4		下垂	花木, 添景樹, 根締め, 列植	
		ライラック	モクセイ科	3〜6	陽	耐湿	×	強		○	紫 4〜5		等	花木, 列植, 寄植え	別名:ムラサキハシドイ
		レンギョウ	モクセイ科	3	陽		◎	強	○	○	黄 3〜4		下垂	花木, 添景樹, 列植, 斜面	
		ロウバイ	ロウバイ科	3		適湿	×		○	×	黄 1〜2		等	花木, 添景樹	
蔓物		アケビ	アケビ科		陽	耐湿		強	○	◎		暗紫 9〜10	等	棚, ポール, アーチ	実は食用, 落葉
		キヅタ	ウコギ科		陽	耐湿				×			等	壁面, ポール, 地被	常緑, 別名:フユヅタ
		ツルバラ	バラ科		陽				○	○	多色 5〜7		等	パーゴラ, トレリス, アーチ, ポール, 壁面	多種の園芸品種あり
		ナツヅタ	ブドウ科		陽	耐乾		強	◎	○		紅 10〜11	等	壁面, 石積み	落葉, 紅葉が美しい
		ノウゼンカズラ	ノウゼンカズラ科		陽				◎	◎	橙黄 7〜8		等	パーゴラなど	落葉
		フジ	マメ科	10	陽	耐湿			◎	◎	紫 4〜7		等	藤棚, 花木	落葉
		ムベ	アケビ科		陽	防湿		強	◎	△		暗紫 9〜10	等	棚, アーチ, 庭門, 垣根	常緑
特殊樹		カナリーヤシ	ヤシ科	10	陽		◎		◎	○			特殊	装飾樹, 街路樹, 列植, 群植	雌雄異株
		キミガヨラン	ユリ科	2	陽		◎	強		◎			特殊	列植, 群植, 寄植え	
		シュロ	ヤシ科	10	陽		○		×	○			特殊	装飾樹, 寄植え, 列植	雌雄異株
		ソテツ	ソテツ科	3〜8	陽	好乾	◎		×	◎			特殊	装飾樹, 寄植え, 列植, 群植	
タケ・ササ類		オカメザサ	イネ科	1〜2	陽		◎	強		△			地被	地被, 下草, 刈込み	別名:ブンゴザサ
		カンチク	イネ科	2〜3	陽		×	強		△			円筒	寄植え, 群植, 生垣	
		クマザサ	イネ科	0.5〜1.5	陽		◎			△			地被	群植, 根締め, 地被	
		クロチク	イネ科	3〜5	陽	耐湿	×	弱					円筒	露地, 群植, 黒い稈の鑑賞	
		ダイミョウチク	イネ科	3〜4	陽	耐湿	×	強		×			円筒	添景, 寄植え	
		ホウオウチク	イネ科	1〜2	陽		○	強					等	添景, 寄植え, 群植	
		メダケ	イネ科	3〜5	陽	耐湿		弱		△			円筒	群植, 生垣, 斜面の土留め	別名:シノタケ
		モウソウチク	イネ科	15〜20	陽	耐湿	×	弱					円筒	寄植え, 群植, 添景	
		ヤダケ	イネ科	2〜3	陽			弱		△			円筒	寄植え, 添景	

[出所] 厚生労働省職業能力開発局能力評価課監修『造園施工必携』日本造園組合連合会

索　引

あ

アオキ	28
アカシデ	31
アカマツ	22
秋植え球根	161
揚げ接ぎ	55
揚げ巻き	116
圧条法	56
アラカシ	25
生け垣	109
移植時期	111
イチイ	21
イチゴノキ	41
イチョウ	30, 39
居接ぎ	55
一歳サルスベリ	36
イヌシデ	31
イヌツゲ	27
イヌマキ	21
忌地現象	11
植え穴	128
植木	1
上鉢のかきとり	118
エアレーション	152
栄養繁殖	49
液果	37
液相	80
枝おろし	96
枝透かし	96
枝の下げ方	104
枝の配置	103
横臥	132
横開性	32, 40
置き肥	79
追肥	78
押し縁	107
お礼肥	78

か

カイヅカイブキ	24
カエデ	33
花壇	158
花壇の種類	158
活着	26
カナメモチ	27
鹿沼土	36
株分け	56
果柄	22
果穂	31
花木の花芽分化期	93
花木類	34
カラーリーフ植物	44
カリ(K)	76
刈り込み	93
刈込仕立形	90
仮支柱	113
カリン	39
カルシウム(Ca)	76
緩効性肥料	77
寒肥	78
環状剥皮	72, 112
灌水	12, 79, 154
灌水施設	79
寒地型芝草	143
寒冷紗	18
気相	80
基部	26
客土	111
球果	23
球根の区分	162
給水設備	17
莢果	36
境栽垣	24
強剪定	18
狭長だ円形	32
狭倒卵形	32
切り返し	96
切り芝の張りつけ	149
切り接ぎ	26, 54
切り詰め	96
近縁種	24
キンモクセイ	29
空中配管方式	17
クスノキ	26
クヌギ	32
グランドカバー	87
車枝	92
黒土	73
黒ボク	73
茎頂培養	31
ゲッケイジュ	26
ケヤキ	32
堅果	32
厚革質	26
公共用緑化樹木	2
公共用緑化樹木品質寸法規格基準(案)	2, 44
光合成	76
高所作業車	92
洪積層	15, 73
高木	14, 19
互生	92
固相	80
個体	23
コトネアスター類	39
コナラ	32
5葉束生	23
ゴヨウマツ	23
コンテナ育苗	74
コンテナ栽培	11

さ

栽培環境	13
栽培設備	16
蒴果	16
サクラ類	35
ササ類	42, 43
サザンカ	36
挿し木の時期	52
挿し木法	51
挿し木用土	53
挿し穂	21
挿し穂の採取	52
挿し穂の調整	52
雑木	31
雑草	81
サッチ	156
サルスベリ	36
サワラ	24
三角接ぎ	36, 67
サンゴジュ	30
サンシュユ	37
しいな	24
枝おり	118
敷きわら	31
シダレヤナギ	30
支柱	132
実生法	49
湿層貯蔵法	51
シデ類	31
芝刈り機	151
芝草の種類	143
シバ属	143
芝生	143
芝生の刈り込み	151
芝生の造成	146

芝生への施肥	152
シマサルスベリ	36
シャクナゲ類	38
遮光設備	18
雌雄異株	40
主枝の形	88
樹冠	87
樹冠仕立形	89
樹幹の形	88
樹冠の基本形	89
樹形	20, 87
樹木の移植	111
樹木の仕立て	87
樹木の整姿・剪定	92
照葉樹林	25
常緑広葉樹	25
常緑樹	19
常緑性ツツジ類	38
植栽	3, 87
除草	46, 153
除草剤	46, 82, 154
シラカシ	25
シラカバ	31
深耕	10
新梢	21
針葉樹	21
水選	31
末口	106
条まき	51
スダジイ	25
スプリンクラー法	81
整枝	44
整姿	92
セイヨウキヅタ	42
西洋芝	143
セイヨウシャクナゲ	38
施肥	45, 75
全縁葉	26
剪定	92, 132
剪定枝葉のチップ	79
剪定の技法	93
剪定の基本	93
剪定の時期	93
剪定の手順	96
剪定用具	92
総苞	37
添え木	132
ソシンロウバイ	34
速効性肥料	77

た

台木	24
台木の育成	53
対生枝	92
駄温鉢	62
高取り法	56
高呼び接ぎ	68
タケ	43
立性	32
立入れ	128
棚づくり仕立形	87
たる巻き	113, 115
断根	46
暖地型芝草	143
遅効性肥料	77
地中コンテナ栽培	80
チッ素(N)	76
地被類	41
注水法	81
沖積層	14, 73
中木	19
追肥	78
接ぎ木	24
接ぎ木の時期	53
接ぎ木の方法	54
接ぎ木法	128
接ぎ穂の採取	53
土ぎめ法	128
土の三相	80
ツツジ類	37
粒状化成肥料	45
ツワブキ	42
ツル物	19
低木	4, 19
手灌水	81
手灌水法	81
摘花	96
摘果	96
摘芽	96
摘芯	93
摘葉	96
摘蕾	96
天接ぎ	66
点播	51
凍上	79
胴縁	106
倒卵形	32
特殊樹種	19, 43
土壌改良材	74
突然変異	49
鳥居型支柱	132
取り木法	55
採りまき	22

な

日本芝	143
2葉束生	22
庭先販売	9
布掛け支柱	132
根切りと施肥	110
根肥	76
根鉢	111, 114
根鉢の深さ	118
根巻き	74, 113, 119
根回し	74, 111
稔性	49

は

葉肥	76
播種	23
播種箱	51
鉢径	114
鉢底かがり	119
鉢巻き	115
花柄摘み	163
花床	160
ハナミズキ	37
バミューダグラス類	143, 145
腹接ぎ	24, 54
ばらまき	51
春植え球根	161
繁殖	49
ギイラギ	29
ひこばえ	26
肥大成長	45
ヒノキ	24
肥培管理	45
ヒマラヤスギ	22
肥沃	10
ピラカンサ類	39
肥料の3要素	76
肥料の5要素	76
肥料微量要素	76
フェスク類	143, 145
覆土	51
フジ	35
不織布	80
フッキソウ	41
物質循環	75
ブナ	31
不要枝	93
ブルーグラス類	143, 144
噴射パイプ法	81
分裂葉	28

ベントグラス類 …… 143, 144	ミスト装置 …… 17, 55	葉叢の形 …… 88
萌芽仕立形 …… 89	水鉢 …… 128	呼び接ぎ …… 33, 54
防寒設備 …… 18	密閉挿し …… 29	
方杖 …… 132	実もの …… 38	**ら**
穂木 …… 33	芽出し肥 …… 78	
ほ場 …… 9, 16	芽接ぎ …… 54	ライグラス類 …… 143, 145
補植 …… 158	目土 …… 153	落葉広葉樹 …… 30
ポット栽培 …… 11	モチノキ …… 27	落葉樹 …… 19
ほふく茎 …… 143	モッコク …… 28	落葉性ツツジ類 …… 38
掘り取り …… 118	元口 …… 106	リュウノヒゲ …… 42
	元肥 …… 77	緑枝接ぎ …… 54
ま	元接ぎ …… 67	緑化樹 …… 1, 2
		緑化樹木 …… 2
まき床 …… 51	**や**	緑化植物 …… 1
マグネシウム(Mg) …… 77		リン酸(P) …… 76
間引き …… 46	ヤシ類 …… 43	ルーピング …… 74
マユミ …… 40	八つ掛支柱 …… 132	列植 …… 132
マルチング …… 133	ヤツデ …… 28	連作障害 …… 10, 11
マルメロ …… 39	ヤブツバキ …… 36	
マンサク …… 34	山採り …… 5	**わ**
幹巻き …… 132, 133	陽樹 …… 32	
実肥 …… 76	葉鞘 …… 135	矮性 …… 32
実生 …… 5	養生 …… 132	矮性仕立形 …… 90
水揚げ …… 53	養生方法 …… 111	割り接ぎ …… 24
水ぎめ法 …… 128	葉叢 …… 87	割縄 …… 139
ミスト灌水法 …… 81	葉叢仕立形 …… 90	

委員一覧	
平成10年12月	
<監修委員>	
岡 部　　誠	神奈川県湘南地域農業改良普及センター
<執筆委員>	
荻 原　信 弘	東京農業大学
船 越　亮 二	中央工学校

（委員名は五十音順，所属は執筆当時のものです）

厚生労働省認定教材	
認 定 番 号	第59019号
認 定 年 月 日	平成10年9月28日
改定承認年月日	平成21年2月20日
訓 練 の 種 類	普通職業訓練
訓 練 課 程 名	普通課程

栽培法及び作業法　　Ⓒ

平成10年12月 1 日　初 版 発 行	定価：本体1,600円＋税
平成22年 3 月31日　改訂版発行	
平成31年 4 月25日　4 刷 発 行	

編集者　独立行政法人　高齢・障害・求職者雇用支援機構
　　　　職業能力開発総合大学校　基盤整備センター

発行者　一般財団法人　職業訓練教材研究会

〒 162-0052
東京都新宿区戸山1丁目15－10
電　話　　03（3203）6235
FAX　　03（3204）4724
http://www.kyouzaiken.or.jp

編者・発行者の許諾なくして本書に関する自習書・解説書若しくはこれに類するものの発行を禁ずる。

ISBN978-4-7863-1113-0